健康住宅理论与实践

陈继东　孙　慧　编著

天津大学出版社
TIANJIN UNIVERSITY PRESS

图书在版编目（CIP）数据

健康住宅理论与实践 / 陈继东，孙慧编著. -- 天津 ：
天津大学出版社，2025. 5. -- ISBN 978-7-5618-7980-1

Ⅰ. TU241

中国国家版本馆CIP数据核字第2025PY9268号

出版发行	天津大学出版社
地　　址	天津市卫津路92号天津大学内（邮编：300072）
电　　话	发行部：022-27403647
网　　址	www.tjupress.com.cn
印　　刷	廊坊市瑞德印刷有限公司
经　　销	全国各地新华书店
开　　本	787mm×1092mm　1/16
印　　张	13.5
字　　数	268千
版　　次	2025年5月第1版
印　　次	2025年5月第1次
定　　价	68.00元

本书编委会

主　　　任：陈继东　孙　慧

编委会成员：李　花　李永龙　朱　军　张振鹏

王轶涵　武慧藏　张艺月　黄雨芯

王雨茹

组 织 单 位：中建地产（天津）有限公司

天津大学

序 言

住宅作为人类生活的基本场所，是人与人、人与家庭、人与城市、人与自然融合和沟通的重要空间，承载着居住者在物质、社会和心理层面的广泛需求。随着国民经济的快速发展，我国城镇化率已经达到 67%，城镇人均住房面积已经超过 40 平方米，住房从总量短缺转为总量基本平衡甚至局部过剩，居民的住房需求已从“有没有”转为“好不好”，从“住有所居”转向“住有宜居”，行业供需关系发生了显著变化。如何适应行业变革，满足人民日益增长的美好生活需要，贯彻住房城乡建设部提出的“要以努力让人民群众住上更好的房子为目标，从好房子到好小区，从好小区到好社区，从好社区到好城区，为人民群众创造更高品质的生活空间”的建设要求，成为建筑行业亟待解决的突出问题。

该书作者结合多年地产行业实践经验与国内外住宅建设发展趋势，针对行业弊病与建设好房子的时代要求，回溯人类住房本质需求，将“健康”作为未来住宅产品的核心出发点，深入浅出地阐述了健康住宅的内涵和外延，从温湿度、空气、水质、光照、空间、智慧生活、社区环境、运动健康等诸多维度明确了健康住宅的建设内容，研究形成了健康住宅建设的理论和方法，并进行了卓有成效的项目实践，取得了良好效果。

在此基础之上，作者对单一居住单元进一步拓展，引入了居住单元集群的“健康住区”概念，这一概念聚焦“以人为本”理念，关注居住者的健康需求，融合人文关怀，落实绿色低碳要求，协同住宅设计与社区规划，注重先进技术的推广应用，既是对未来住宅发展方向的深入思考，也为城市规划、工程建设、工程产品功能配置、物业运维与管理等提供了全新视角，对于健康住宅建设具有良好的实施性和指导性意义。

通读此书，惊喜于理论探索与落地实践取得的长足进步，也深感建筑行业在营造健康人居环境、引导人民健康生活方面的重要责任。健康住宅的建设事关法规政策、总体规划、绿色建材与设备、建设过程管控、物业运维服务等诸多方面，无疑有相当长的路要走，但“路虽远行则将至，事虽难做则必成”，期待同行能够以健康住宅建设为目标，全面发挥建筑行业在健康住宅建设中的主体作用，为不断满足人民群众的美好生活需要做出更大贡献。

中国工程院院士

中国建筑集团有限公司

目录

I　理论部分　健康住宅的理论与发展

Ⅱ 实践部分 健康住宅的工程实践

Ⅲ 未来发展部分 健康住宅的前景与展望

I 理论部分

健康住宅的理论与发展

第 1 章 健康住宅引领品质新时代

1.1 “好房子”理念下健康住宅的时代之机

自古以来，房子都是中国人安身立命的根本、心灵的居所和精神的家园，《汉书·元帝纪》记载：“安土重迁，黎民之性；骨肉相附，人情所愿也。”陶渊明在《归园田居·其一》中写道：“方宅十余亩，草屋八九间。榆柳荫后檐，桃李罗堂前。暧暧远人村，依依墟里烟。狗吠深巷中，鸡鸣桑树颠。户庭无尘杂，虚室有余闲。”杜甫有“安得广厦千万间，大庇天下寒士俱欢颜”的恻隐之句，又在《狂夫》中写：“万里桥西一草堂，百花潭水即沧浪。风含翠篠娟娟净，雨裛红蕖冉冉香。”这些诗句反映了古人住宅需求的变迁，从对安身立命之处的求索到居住生活情趣的追求，再到富有诗意精神居所的向往，展现了古人对理想住宅的多层次追求。布局讲究、工艺精湛的品质住宅不仅能给人们带来安定和满足，山水相依、环境优胜更能带来精神滋养。

自中华人民共和国成立以来，现代中国居住方式发生质的转变，人均居住面积、建筑结构、居住品质、生活方式持续跃升。房地产行业也经历了从无到有、从弱到强的巨大变革，逐步发展成为国民经济支柱。

中华人民共和国成立到 1978 年，房子由国家建造并分配，城镇住房主要由国家和企业通过福利形式分配，实行“统一管理、统一分配、以租养房”的公有住房实物分配制度，可以说这一阶段中国没有房地产业，只有传统的建筑业。1978 年经济体制改革，实现了土地所有权和使用权的分离，为现代房地产的雏形诞生奠定了制度基础。1978 年至 1998 年，随着改革开放的深入，住房制度改革开始探索新的路径。人民生活水平不断提高，人们对住房的需求和期望也日益迫切，福利房政策已无法满足人们的住房需求。政府逐步减少对住房市场的直接干预，转向激活市场的力量扩大住房供应，鼓励企业和个人参与住房建设，开始了房地产商品试点开发。随着市场机制的逐步引入，住房市场开始发挥更大的作用，推动了住房商品化的进程，中国房地产业也迈出了悄然成长的步伐。1998年《国务院关于进一步深化城镇住房制度改革加快住房建设的通知》文件出台，结束了福利分房制度，决定自当年起停止住房实物分配，建立住房分配货币化、住房供给商品化与社会化的住房新体制。同时第一次将房地产确立为经济的新增长点。该文件的出台标志着中国商品房市场的开启，也宣告房地产商品化时代正式到来。市场化运行的20多年的时间里，房地产行业改善了中国人口的住房问题、城市面貌，并带动了其他产业的发展，成了国民经济的支柱产业。城镇居民人均居住面积从1978年的6.7平方米上升至2024年底的41.8平方米，自有房比重从1984年的9.4%上升到2024年的超80%。与此同时，包括公租房、廉租房、共有产权房等的住房保障体系不断健全，真正实现了居者有其屋、有恒心者有恒产的历史愿景。

随着居民对住房的强烈需求的与日俱增，市场长期处于供不应求的态势，房地产企业蓬勃发展。部分房地产企业开始推行标准化、高周转模式，住宅产品的标准化生产与快速复制，极大地提升了市场供应效率。从企业运营角度看，快速周转是企业赢利、快速扩大规模最有效的手段。但高周转、标准化复制带来的必然弊端是开发模式粗放，同质化严重，商品房产品在策划、设计、施工、装修、运维等各个环节较为落后，生活配套、物业服务、社区治理严重滞后住宅楼宇单体的开发进程。同时，高杠杆运营模式下部分房地产企业（以下简称“房企”）的净负债率大幅度上升，酝酿了巨大的行业风险。

历经1998年至2016年间近20年的快速发展，房地产市场步入了过热阶段，房价快速上涨，甚至出现了投机炒房的现象。房价的大幅波动不仅加大了居民购房的难度，更对经济稳定造成不利影响。与此同时，房地产市场面临总量均衡与结构失衡并存的问题：部分城市住房供应不足，而部分城市则库存积压。基于此，政府提出“房住不炒”，希望通过逐步收紧政策，挤出房地产金融属性，稳定房价并调整供需结构。2016年12月14日至16日在北京举行的中央经济工作会议提出，促进房地产市场平稳健康发展：要坚持“房子是用来住的、不是用来炒的”的定位，综合运用金融、土地、财税、投资、立法等手段，加快研究建立符合国情、适应市场规律的基础性制度和长效机制；要在宏观上管住货币；要落实人地挂钩政策；要加快住房租赁市场立法；加强住房市场监管和整顿。此后，《中华人民共和国国民经济和社会发展第十四个五年规划和2035年远景目标纲要》、政府工作报告、中央政治局会议以及中央经济工作会议多次重申坚持“房住不炒”定位，全国各地区也因地制宜地出台了一系列政策，坚持不将房地产作为短期刺激经济的手段，全面落实稳地价、稳房价、稳预期的房地产长效机制，促进房地产市场平稳健康发展。房地产市场金融属性挤出，回归居住属性成为大势所趋。

2017 年，习近平总书记在党的十九大报告中指出："中国特色社会主义进入新时代，我国社会主要矛盾已经转化为人民日益增长的美好生活需要和不平衡不充分的发展之间的矛盾。"① 社会主要矛盾的变化是关系全局的历史性变化，要求我们在继续推动发展的基础上大力提升发展质量和效益，更好满足人民日益增长的美好生活需要。这种变化在住房领域表现得尤为突出。经过近 20 年的发展，我国房地产市场的主要矛盾已经从总量短缺转为总量基本平衡，结构性供给不足、房企加杠杆与适度保持超前供应成为历史，房地产行业开始全面转向。

2020 年 8 月，中国人民银行（以下简称"央行"）、中国银行保险监督管理委员会（以下简称"银保监会"）等机构针对房地产企业提出"三道红线"指标，即剔除预收款项后资产负债率不超过 70%、净负债率不超过 100%、现金短债比大于 1。2020 年 12 月 31 日，央行、银保监会联合发布《关于建立银行业金融机构房地产贷款集中度管理制度的通知》。针对房地产企业，国家构建了需求端和供给端两端发力的融资监管机制，牢牢筑起了金融风险防范的"防火墙"。作为一个资金密集型行业，资金流是房地产行业的血脉，房企融资端的大幅度收紧倒逼行业进入全面转型阶段。2021 年夏季开始，中国房地产市场急剧下行，以恒大为代表的众多知名房企在"三道红线"的监管压力下纷纷陷入融资困境，房地产行业经历了一场前所未有的债务危机风暴。房企"高负债、高杠杆、高周转"的经营模式难以持续，行业优胜劣汰加速，房地产市场进入深度调整阶段。

住房和城乡建设部部长倪虹在 2023 年 1 月接受新华社记者采访时提出"以努力让人民群众住上更好的房子为目标，从好房子到好小区，从好小区到好社区，从好社区到好城区，进而把城市规划好、建设好、治理好。"11 月 11 日，倪虹在接受新华社记者采访时表示，"过去在解决'有没有'时期追求速度和数量的发展模式，已不适应现在解决'好不好'问题、高质量发展阶段的新要求，亟须构建新的发展模式。"12 月 21 日至 22 日，全国住房城乡建设工作会议在北京召开。会议指出，要"下力气建设好房子，在住房领域创造一个新赛道"；要牢牢抓住让人民群众安居这个基点，以好房子为基础，推动好房子、好小区、好社区、好城区"四好"建设，坚持想明白、干实在，锻造专业敬业的住建人精神品格。会议对打造好房子做出部署，强调要以绿色、低碳、智能、安全为核心指标，制定好房子标准；突破推广一批建设好房子的关键技术；推动形成好房子建设的政策体

① 节选自习近平《决胜全面建成小康社会 夺取新时代中国特色社会主义伟大胜利——在中国共产党第十九次全国代表大会上的报告》。

系、技术体系、产业体系。推动房地产行业向高品质住宅发展的政策导向日益明确。

当前我国城镇化仍然处在持续发展过程中，居民家庭住房拥有率较高，对住房的需求也在不断转变。在“好房子”理念的引导下，房企应抓住时代之机，把握当前房地产市场发展的新趋势，积极探索转型新方向。2023 年我国城镇化率为 66.16%，相较于发达经济体普遍约 80%的水平，仍存在较大增长空间。近五年城镇化率年均提高 0.93 个百分点，每年有超过一千万的农村居民进入城镇，新市民群体规模庞大，催生出大量新增的住房需求。央行课题组 2019 年发布的《2019 年中国城镇居民家庭资产负债情况调查》提到，住房是家庭实物资产的重要构成，居民家庭住房拥有率相对均衡。中国城镇居民户均房产 1.5 套，住房拥有率 96%，有一套住房的家庭占比为 58.4%，有两套住房的占比为 31%，有三套及以上住房的占比为 10.5%。与之相对比，根据 Statista 数据，加拿大 2022 年住房拥有率为 66.5%，德国为 46.7%；美国 2024 年第三季度住房拥有率为 65.6%，而文化相同的亚洲地区，日本 2023 年是 60.9%。中国居民住房拥有率处于世界前列，住房在中国家庭资产中具有重要地位。近年来，中国住房市场进入存量房主导时代，随着中国人均住房面积的提升以及居民消费水平的上升，人们对住房的需求越来越多样化，改善性需求愈发成为市场的关键动力。一方面是因为经济增长和人民生活水平提高，另一方面也是因为现代家庭对生活品质的追求，以及对个性化和舒适住宅的需求日益增强。家庭结构的变化和城镇化的深入发展，都在不断地塑造着市场的需求。

随着我国经济社会的不断发展，“一老一小”等家庭和社会问题成为新时代的社会痛点问题，现代家庭需要更多关注老年人和儿童的居住和生活需求。最新人口普查数据显示，中国家庭呈现小型化趋势，平均家庭户规模持续缩小，从 1964 年的 4.43 人下降至 2020 年的 2.62 人，家庭人数的减少加大了养老养儿的压力。此外，我国家庭空巢化加剧，预期寿命延长、子女数量减少拉大了家庭的空巢期，使空巢家庭比例明显上升，2020 年独居空巢家庭、夫妇空巢家庭所占比例均超过了有老年人家庭户的五分之一。养老成为现代家庭的痛点问题。根据第七次全国人口普查结果，我国 0 到 14 岁人口为 2.53 亿人，占全国总人口的 17.95%。中国儿童产业中心公布的调查数据显示，我国 80%的家庭中儿童支出占家庭支出的 30%至 50%，家庭儿童年平均消费为 1.7 万至 2.55 万元。儿童消费潜力巨大，儿童居住和生活需求应当受到关注。同时，主动健康医疗、生活仪式感等概念也日益受到重视，人们希望在家中能够享受到更便捷、更高效的医疗和健康服务，获得社交、精神、心灵等方面的多重服务和满足。因此，住宅不再仅仅是居所，更成为促进身体健康、生活幸福和精神满足的重要支持系统。从这个角度出发，房地产开发商需要重新审视市场，调整战略，更加注重提供与消费者全生命周期需求相匹配的住房产品。以人为本，满足人民群众的实际需要，也正是“好房子”建设的着眼点和落脚点。

在过去数十年间，房地产市场的供求关系经历了从供不应求到供需趋于平衡乃至局部过剩的深刻转变，居民的住房需求从住有所居发展为住有宜居。行业理念也随之不断演进，从最初单纯追求速度与规模扩张，逐步向注重品质、服务、绿色可持续及智能化发展的多元化方向转型。随着“房住不炒”政策基调的确立，房地产市场的定位更加明确，即让房子回归其最根本的居住属性，而非投资工具。“好房子”理念的提出也给房地产市场指明了新的发展方向。当前，房地产行业正处于深度调整期，房企当抓住这一时代之机，探索转型升级之路，雕琢品质住区，重视运营和服务，创新研发“好房子”。建造在设计上以人为本、在质量上精益求精、在环境上注重生态和谐、在功能上满足多元化需求的品质住宅。

行业的调整转型之中孕育着挑战和机遇，“健康住宅”与“好房子”的内涵和特征是一脉相承的，“健康住宅”也恰恰满足和发展了“好房子”的导向和要求。“健康住宅”的超前尝试正是落实“好房子”理念的一项具体实践。房地产行业政策的调整为“精雕细琢”新时代“好房子”“健康住宅”提供了发展保障，社会主要矛盾的变化和人们生活理念的转变为健康住宅的发展培育了肥沃的土壤，医疗、商业、养老、教育等产业链的深度整合升级为健康住宅的发展拓宽了边界，科技、信息、智能化技术的发展为健康住宅的发展提供了抓手和工具。健康住宅不仅是对市场需求的响应，更是房企实现可持续发展、助力提升社会生活品质的重要路径。在政策支持、社会需求增长和科技进步的共同推动下，健康住宅将继续在房地产市场中展现其独特价值，为未来的城市生活注入更多创新和活力。

1.2 时代发展助推住宅变迁

1.2.1 住宅的发展与演变

住宅的演进代表了社会经济、科技和人们生活方式的变迁。从原始住宅到现代住宅的每个发展阶段，住宅都是特定历史条件下，居住理念、经济发展条件、技术水平的具体体现。原始住宅时期的简单结构和基本设施反映了当时社会处于初级发展阶段。满足住有所居需求后，传统住宅时期，住宅的功能属性受到重视。而随着工业化和科技进步，住宅领域开始引入了更多便利设施和工业化生产的建材，现代住宅提升了居住的美观性与舒适度。近年来出现的各类新型住宅在设计上更加注重环保和可持续性，引入了更多智能科技，提高了能源利用效率，并将智能科技融入生活的方方面面，通过物联网、人工智能等技术实现智能管理和个性化定制，为居民创造更高品质的居住体验。

1. 满足基本生存需求的原始住宅

在上古时代，人类尚未掌握复杂的建筑技艺，为了应对严酷的自然环境，原始人类凭借着智慧发展出了最初的居住形式。《周易·系辞下》记载："上古穴居而野处。"原始社会时期，居所主要是为人们挡风遮雨，防止禽兽的攻击，洞穴居和巢居是原始住宅的雏形。我国最早的房屋建筑产生于距今约六七千年前的石器时代，以半地穴式房屋（图1.1）和干栏式建筑为典型。这一时期的建筑材料为原始自然资源，人类利用石头、木材、树叶、草藤等天然材料来构建居所。这些材料不仅易于获取，而且能够较好地适应当时的自然环境。

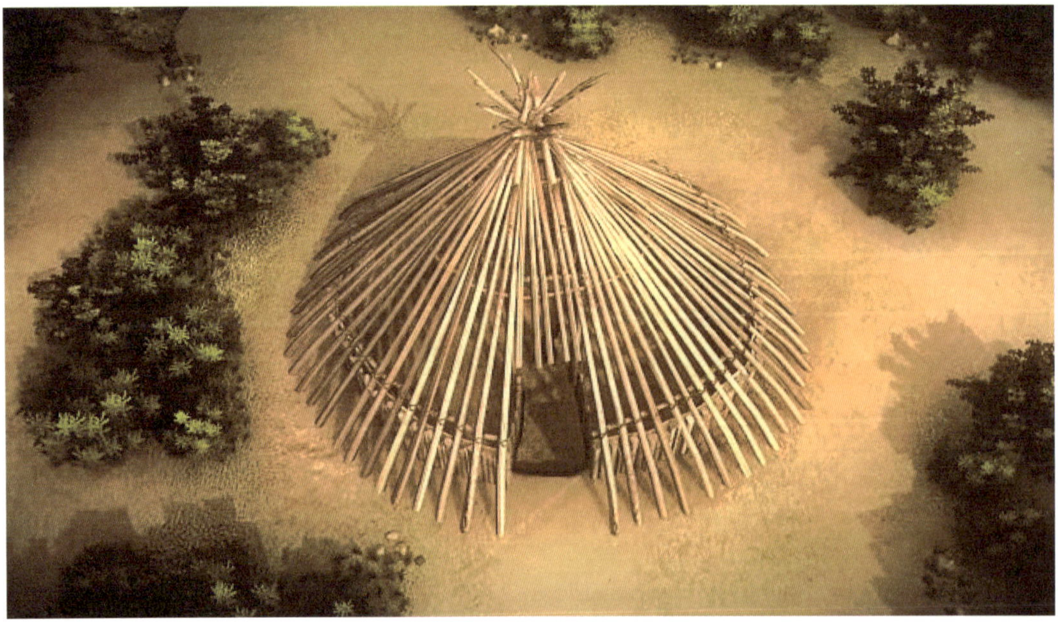

图 1.1　半坡人的半地穴式房屋

2. 功能性提升的传统住宅

随着社会生产力的提升，进入奴隶社会后，建筑技术得到了初步的发展，建筑的功能性得到提升。住宅主要提供遮风避雨功能和基本安全保障，兼具睡觉、烹饪、储物等多种用途。设计以实用功能为主，美观性次之。我国先秦时代士大夫的住宅开始由庭院组成，包含门、堂、厢、寝等部分，形成了较为完整的居住空间。与原始住宅相比，传统住宅开始注重功能区域的明确划分，对不同功能区域的合理布局不仅提高了建筑的使用效率，也满足了人类日益复杂的生活需求。在发展过程中，宗教、传统和文化习俗对住宅设计有显著影响，比如中式四合院、欧洲中世纪城堡、日本的町屋等传统住宅都体现出当地的文化特色。传统建筑在功能性提升的同时，也注重装饰艺术的发展。彩绘、雕刻等多种装饰手法使建筑蕴含着丰富的文化内涵。传统建筑在美学和文化上有着独特的表达，如我国的四合院在建筑设计上体现了中国传统的居住观念（图 1.2）。其设计深受中国哲学思想的影响，四面围合、中间留有庭院的结构，体现了“天人合一”的理念，追求与自然和谐共生。同时，建筑的对称布局和封闭式外观符合中国古代社会的宗法与礼教制度，四合院的装饰细节也展现出中国传统的美学追求。

图 1.2　北京四合院

3. 重视舒适美观的现代住宅

随着工业革命的到来，生产力和科技水平得到了飞速提升。这一时期，城市化加速，新技术应用，现代生活方式初步形成，住宅大量采用新材料、新技术和新工艺进行建造。工业革命带来了钢铁结构技术的广泛应用，使得建筑物更加结实耐用，也为多层建筑奠定了基础。电力和燃气设施的普及，为住宅提供了现代化的能源供应和照明条件。随着化工和材料科学的发展，新型建筑材料如水泥、钢铁、玻璃等开始广泛应用于住宅建造。这一时期开始出现标准化的户型布局，客厅、餐厅、卧室等功能区域逐渐被确定下来，现代住宅的基本布局模式形成。大规模住宅区的建设成为主流，以满足城市化进程中迅速增长的居民需求。建筑风格逐渐定型，功能主义和现代主义风格开始兴起，建筑更加注重实用性和简约美感。室内装饰简洁大方，强调实用性和功能性，色彩搭配也更加清爽明快。住区开始注重公共空间的规划，小区内部的绿化、休闲设施等得到重视。多层建筑开始普遍出现，公寓式住宅成为城市居民的主要居住形式（图 1.3）。在工业化和现代化的时代，建筑技术、居住功能和设计理念都经历了重大变革。通过标准化的户型布局、现代化的生活设施以及规模化的建设项目，现代住宅为城市居民提供了更加舒适和便利的居住环境。

图 1.3　现代小区的多层住宅

这个阶段的住宅不仅在建筑技术上有了显著进步，更在设计理念上强调居住的舒适性和美观性，反映出人们对生活质量的更高追求。通过合理的空间布局、先进的设施设备以及多样化的建筑风格，现代住宅为居民提供了一个更加舒适、美观和便利的居住环境。

4. 智能化与绿色环保的新型住宅

21 世纪物联网（IoT）、人工智能（AI）、大数据、云计算和可再生能源等前沿技术的诞生推动住宅形式的发展，更加高效、舒适、安全和可持续的居住环境成为可能。新时期，住宅开始尝试使用低碳、环保、耐用、易于回收再利用的建筑材料，这些材料应用于隔热、保温、建筑装饰等方面，不仅减少了对自然资源的消耗，还降低了生产过程中的碳排放。建造技术也有诸多突破，装配式住宅采用预制模块的方式，实现快速、精准的建筑施工，提高建筑效率和质量。绿色建筑技术推广，住宅应用太阳能板、风力发电系统、雨水收集系统和高效隔热系统等，实现低碳排放和能源自给。智能化技术是新型住宅的重要特征之一，通过物联网设备实现家庭内部各类设施的互联互通，如智能灯光、恒温系统、安全监控、智能厨房和智能家电等。利用 AI 进行居住空间的个性化调整，根据居民的生活习惯和需求自动优化室内环境，如温度、湿度、光线等。配备健康监测和管理系统，实时监测居民的健康状况，并提供相应的健康建议和紧急救援服务。设计上强调与自然环境的融合，采用开放式布局、大面积玻璃窗（图 1.4）和绿化墙等元素。空间，可以根据需要利用可移动隔断、多用途家具等进行调整和转换，灵活多变。智慧住宅与城市的智能交通、能源管理、公共安全和社区服务系统无缝连接，实现全面的智能化管理。

住房形式和技术体现了科技进步和社会发展的紧密结合，通过引入先进的智能化技术和绿色建筑理念，新型住宅不仅提升了居住舒适度和安全性，还推动了可持续发展和环境保护目标的实现。这一时代的住宅不仅是居住空间，更是智能生活平台和生态系统的一部分，为人类的生活方式带来了全新的可能。

图 1.4　住宅的大面积玻璃窗

1.2.2　百花齐放的住宅新时代

住宅作为人们生活的核心空间，也在不断进化与发展。从最初的简单遮蔽到如今的智能化、绿色化，每一代住宅的变革都映射着科技的进步、时代的变迁和人们追求更加美好的生活的步伐。从原始住宅时代到新型住宅时代，从“住有所居”的基本需求到“住有宜居”的更高追求，从具有居住功能、满足居住需求、改善居住需求到注重居住需求，解决的都是居住空间的功能性问题。在住宅的新发展时代，人们重新与自然和本源联系，拓展了对人类需求的认识，不再仅仅满足于基本的居住功能，而是更加注重精神追求和生活享受。住宅设计和服务系统融入了更多自然元素和生态理念，使得居住环境不仅环保且富有生机。同时，智能化技术的发展使得家居系统能够主动提供个性化的服务，从健康监测到情感关怀，全方位提升居住者的生活质量。通过这种方式，住宅领域正在积极探索全周期、主动式的人与自然、科技与生活的和谐共生。

随着生活水平的提高，人们越来越注重养生和健康生活方式，对居住环境与健康的关系的认知不断深化，对居住环境的健康要求不仅仅局限于物理环境层面的，还包括心理和社交层面的健康。同时先进的技术为健康住宅的发展提供了有力支持。智能家居系统可以实现对室内环境的智能调节，新型环保材料的不断涌现，为打造健康住宅提供了更多选择。可穿戴设备和智能家居中的健康监测设备可以实时监测居民的健康状况，如心率、血压、睡眠质量等，并提供健康建议。健康住宅在社会观念转变、科技进步支撑、政策支持引导和市场需求增长等多方面因素的共同作用下，迎来了新的发展机遇。各大机构与房企正在积极探索健康住宅的发展模式和技术创新，为消费者提供更加优质、健康的居住环境，以适应行业转型与客户需求的双重需要。

1.3 大健康时代下建筑迈向健康化

1.3.1 "千古"健康理念与理念演变

健康具有很强的时代性和阶段性，不同的社会发展阶段，人们对健康的理解和追求是不同的，同时健康也具有很强的地域性和文化性，不同文化背景下的人们对健康与疾病概念的认识和界定也是不同的，因此健康不仅仅是一个科学概念，还是一个文化概念。正如 Scriven 在其著作 *Promoting Health: A Practical Guide* 中所说："健康、患病和疾病的意义常与人们的社会及文化环境联系在一起。对疾病的了解、预防和治疗也可以有效地养成人们对于健康概念的认识。这样的知识可能是文化传统的一部分，并代代相传。"

1. 国外对健康理念的认知及其演变

从西方历史来看，"健康"一词是医学哲学中一个古老而基本的概念，英文为"health"，早在公元前 1000 年就出现在英语语言体系中，与"神圣"（Holy）同源，本义为强壮（Hale）、健全（Soundness）和完整（Wholeness）。

西方对健康概念的理解早期以古希腊时期的四体液理论和文艺复兴时期的健康机械论为主。随着文艺复兴对思想的解放和现代科学技术的发展，人类对健康的理解日趋深入和多元。1948 年，世界卫生组织（WHO）在其宪章中对健康的定义是："健康不仅是没有疾病或虚弱，而是身体上、精神上和社会上的完全安宁状态。"（Health is a state of complete physical, mental and social well-being and not merely the absence of disease or infirmity.）1978 年，在《阿拉木图宣言》（Alma-Ata Declaration）中，WHO 和联合国儿童基金会（UNICEF）提倡初级卫生保健（Primary Health Care），并强调了社会经济因素对健康的重要性。1986 年,《渥太华宪章》(Ottawa Charter for Health Promotion)进一步拓展了健康的定义,强调健康促进应包括建立健康的公共政策、创造支持性环境、加强社区行动、发展个人技能和重新定向健康服务。2000 年前后, WHO 越来越关注全球卫生问题,并发布了多项全球卫生报告,强调传染病、慢性病和健康不平等等问题。2005 年 WHO 建立了健康社会决定因素委员会(Commission on Social Determinants of Health),致力于影响国民健康的社会因素方面的工作,倡导建立"追求每个人的健康和福祉的世界"。2013 年,WHO 在其《2013—2020 年精神卫生综合行动计划》(Comprehensive Mental Health Action Plan 2013–2020)中承诺致力于实现改善精神卫生的全球具体目标。2015 年,联合国通过了《2030 年可持续发展议程》,其中包含了 17 个可持续发展目标(SDGs)。健康被包含在目标 3 中,即"确保健康的生活方式,增进各年龄段人群的福祉"(" Ensure healthy lives and promote well–being for all at all ages"),这体现了 WHO 对全球卫生和健康不平等问题的关注。近年来, WHO 越来越重视传统医学,例如中医、针灸等,在多个文件和会议中讨论了传统医学和补充替代医学的作用,并鼓励将其纳入国家卫生系统,这反映了对不同文化和医学体系的尊重和关注。同时 WHO 在其全球健康议程中越来越重视心理健康问题,并提出了相应的政策建议和行动计划。

可以看出,随着人类文明的进步,人们对健康这一概念的理解在不断丰富完善发展之中,并出现以下若干新趋势。

(1)医学领域开始强调身体健康与疾病治疗之间的联系。传统的西方医学注重治疗疾病,但随着时间的推移,人们开始认识到预防疾病和促进健康同样重要。因此,健康被视为一种积极的状态,即远离疾病和身体不适。

(2)心理健康的重要性逐渐得到认识。人们开始意识到情绪、心理和精神状态对身体健康的影响。心理学的发展使人们对心理健康问题有了更深入的了解,并推动了心理治疗和心理健康促进的发展。

(3)社会环境和社会因素对健康的影响日益受到关注。人们开始认识到社会因素如贫困、教育水平、社会支持等与健康之间存在紧密联系。这引发了对社会公平、卫生条件和社会保障等问题的关注,倡导建立一个有利于健康的社会环境。

(4)个体责任和自我管理的观念也逐渐兴起。人们认识到个体在自己的健康中扮演着重要的角色,个体的行为和生活方式直接影响健康水平。因此,健康被视为个体责任和自我管理的结果，倡导健康饮食、锻炼、戒烟等积极的生活方式。

（5）对健康概念的多元化认识和理解也带来了整合医学概念的兴起。整合医学将传统医学与替代疗法相结合，强调综合治疗和个性化护理，注重身体、心理和社会层面的健康。

2. 国内对健康理念的认知及其演变

中国对健康理念的理解及其演变演变是一个复杂而系统的过程，反映了中国古代哲学、文化和医学思想的深厚积淀，同时中国传统文化也十分注重环境与个体健康的关系。

从战国至秦汉时期的《黄帝内经》、秦汉时期的《伤寒杂病论》到明代李时珍的《本草纲目》、清代吴鞠通的《温病条辨》，这些古代医学经典不仅奠定了中医理论的基础，也深刻影响了中医的发展轨迹与实践，体现了中医对疾病认知的不断演变和对治疗方法的不断创新，提出了养生保健等诸多理念和治疗方法，如“治未病”，即在疾病尚未发生时，就采取预防措施防止其发生或发展，如针灸、汤导、导引等。

19 世纪末和 20 世纪初，西方医学传入中国，中医与西医开始接触和交流。新中国成立后，中医药得到了国家的支持和保护，同时与现代医学进行了更多的交流和结合。当代中国对健康的理解更加多元化。中医药现代化和国际化进程加快，中西医结合成为新的趋势。现代科学技术应用于中医药研究，推动了中药新药的开发和针灸技术的推广。与此同时，公共卫生和预防医学也得到高度重视，健康中国战略的提出进一步推动了全民健康观念的普及和提升。

中国人基于传统文化，形成了对健康理念的理解和生活习惯。随着时代的发展，中国的健康文化体系不断吸收新的知识和技术，形成了独特而丰富的文化体系。在中国传统文化中，健康被视为身心和谐的状态，是一个综合而复杂的概念。中国人注重养生，即通过饮食、运动、作息、情志等方面来保持健康。这一理念源于《黄帝内经》等古籍，强调人与自然、人与社会的平衡与协调。中国人对饮食养生有独特的理解和实践。养生饮食注重荤素搭配、粗细搭配、适量进食、节制饮食。中国人还注重草药食疗，利用中草药和食材的药膳疗法，调理身体。例如，冬季多喝姜汤以温暖身体，夏季多食清凉食物以消暑。此外，中国人注重平衡作息和调节情志。根据中医理论，合理的作息和情绪稳定对健康至关重要。睡眠充足、规律作息可促进身体修复和调整。同时，人们追求内心的宁静与平和，通过冥想、读书、音乐、园艺等释放压力，调节情绪。中国的健康文化也吸收了现代科学和技术的成果。人们更加关注营养均衡、体检、疾病预防与治疗，接受现代医学的指导和治疗。同时，健康管理、健身器材、保健品等现代工具和产品也得到广泛应用。总体而言，中国人基于传统文化，形成了独特而内容丰富的健康文化体系。这种综合性的健康理念和生活习惯，将传统智慧与现代科技相结合，为人们提供了全面的身心健康保障。

中西方在健康理念与知识体系上存在显著区别，但是在发展脉络上存在诸多相似之处，从碎片化的认知到系统化的知识体系的建立，从狭义的身体健康到生存环境的关照，从被动的健康维护到主动的健康预防，从生物层面到精神层面的深化是趋同的。在中西方文化碰撞更趋激烈的当下，健康作为人类共同追求的目标，也在文化碰撞中迸发出全新活力，在行业融合背景下亦开辟出全新的天地。

1.3.2 健康产业助力建筑健康

随着健康观念的不断演变，从最初的以疾病治疗为主逐渐转向预防与保健并重，从基本的生存需求发展为身心全面健康，大健康时代已经悄然来临。与此同时，健康产业迅速崛起，它融合了传统医疗与现代科技，涵盖了营养保健、健康管理、医疗服务等多个领域，为人们提供全方位、全生命周期的健康服务与解决方案。大健康时代下，住宅领域也迎来新的发展机遇。

1. 健康中国战略的提出

党和国家历来高度重视人民健康。新中国成立以来特别是改革开放以来，我国健康领域改革发展取得显著成就，城乡面貌明显改善，全民健身运动蓬勃发展，医疗卫生服务体系日益健全，人民健康水平和身体素质持续提高。2015 年我国人均预期寿命已达 76.34 岁，婴儿死亡率、5 岁以下儿童死亡率、孕产妇死亡率分别下降到 8.1‰、10.7‰和 20.1/10 万，总体上优于中高收入国家平均水平，为全面建成小康社会奠定了重要基础。同时，工业化、城镇化、人口老龄化、疾病谱变化、生态环境与生活方式变化等，也给维护和促进健康带来一系列新的挑战，健康服务供给总体不足与需求不断增长之间的矛盾依然突出，健康领域发展与经济社会发展的协调性有待增强，需要从国家战略层面统筹解决关系健康的重大和长远问题。

在这样的背景下，2015 年“健康中国”首次写入《政府工作报告》。2016 年 10 月，《“健康中国 2030”规划纲要》发布，对健康中国建设进行顶层设计、全面布局。党的十九大推动形成“5+1”新格局，即建设“五项基本医疗卫生制度”和“优质高效的医疗卫生服务体系”。2019 年 6 月和 7 月，《国务院关于实施健康中国行动的意见》和《健康中国行动（2019—2030 年）》相继发布，健康中国建设的路径和任务更加清晰。2022 年，党的二十大报告强调推进健康中国建设，对公立医院、民营医院、医疗卫生队伍、中医药等多个关键领域提出具体要求。系列顶层设计文件的发布绘制了健康中国建设的路线图和施工图。

在健康中国宏伟蓝图的指引下，建筑领域也在做出转变，健康住宅的发展受到重视。国家住宅与居住环境工程技术研究中心牵头发布了《健康住宅建设技术规程》《健康住宅评价标准》《健康小镇评价标准》等规程和标准，“2023（第五届）健康建筑大会”在北京召开，探讨新时代健康住宅发展方向。

2.“大健康”理念的发展

2016 年 8 月，习近平总书记在全国卫生与健康大会上发表重要讲话，强调“努力全方位、全周期保障人民健康”，并提出要“树立大卫生、大健康的观念，把以治病为中心转变为以人民健康为中心”[①]。“大健康”的关键词是“健康”，而“健康”又是健康中国的核心。增进人民群众健康、推进健康中国建设，关键是以“大健康”理念为指引。

“大健康”指的是根据时代发展、社会需求与疾病谱的改变，提出的一种全局的理念。它围绕着人的衣食住行以及人的生老病死，关注各类影响健康的危险因素和误区，提倡自我健康管理，是在对生命全过程全面呵护的理念指导下提出来的。它追求的不仅是个体身体健康，还包含精神、心理、社会、环境、道德等方面在内的完全健康。提倡的不仅有科学的健康生活，更有正确的健康消费等。它的范畴涉及各类与健康相关的信息、产品和服务，也涉及各类组织为了满足社会的健康需求所采取的行动。

“大健康”理念充分体现了人民健康优先的发展思想，以及“治未病”的健康促进战略；充分体现了政府执政理念和社会经济发展模式顺应时代发展、社会需求变化的全局性和改革性；充分体现了健康影响因素的社会性决定了解决健康问题不再是卫生部门的“专利”，而是将“健康融入所有政策”，更加突出全社会参与的积极性、主动性、创造

① 节选自《人民日报》《把人民健康放在优先发展战略地位 努力全方位全周期保障人民健康》。

性和联动性，形成多层次、多元化的社会共治格局；充分体现了建设健康中国的基本路径是人民“共建共享”，根本目的是立足全人群和全生命周期两个着力点，实现更高水平的“全民健康”。

树立“大健康”理念体系，需要建立起健康的价值观，健康不只是个人最宝贵的财富，也是社会资产，维护健康更是一种社会责任。同时，健康投资是回报最大的投资，要把健康投资作为个人支出的重要组成部分，把健康投资作为提供公共产品、扩大内需、拉动经济发展的最直接增长点。根据世界卫生组织的调查数据，在疾病的预防上花 1 块钱，能节省 8.5 元的治疗费和 100 元的抢救费，这样的“投资回报率”是相当可观的。把全民健康作为社会发展的目标之一，体现了一种人文精神，更体现了文明进步的程度。全国健康素养监测数据显示，近年来，我国居民健康素养水平在稳步提升，已经由 2012 年的 8.80%上升到 2023 年的 29.70%，特别是健康中国战略实施以来，提升幅度明显增大，目前已经接近了《“健康中国 2030”规划纲要》提出的“到 2030 年，使居民健康素养水平提高到 30%”的目标。我国居民健康素养水平持续提升，“每个人是自己健康第一责任人”的理念正逐步深入人心，健康产业已经具备了发展的土壤和根基。

3. 健康产业与建筑健康相辅相成

在“大健康”时代，人们更加重视健康的综合性，将健康视为个人幸福和全面发展的基础。人们更加注重预防和早期干预，积极采取健康生活方式，包括合理饮食、定期运动、合理作息和心理调适等，以提升自身免疫力和抵抗力。人们追求个性化、精准化的健康管理和医疗服务，包括基因检测、智能设备健康监测、远程医疗等。同时，传统医药与现代医学的结合，也成为“大健康”时代的特点之一。在社会层面上，“大健康”时代倡导构建全社会的健康共同体，政府、医疗机构、企业、社区和个人共同参与，形成多方合作的健康治理模式；通过建立健康教育体系、推动公共卫生政策落地、改善环境卫生和社会保障体系等，促进全民健康和社会公平。“大健康”时代的到来，为人们提供了更广阔的健康发展空间，也带来了巨大的商机和挑战。在这个时代，随着人们对健康的认知和需求的提升，科技创新、健康产业、健康管理等领域将得到快速发展。

健康产业是指以满足人们健康需求为目标的产业活动的总称，涵盖了医疗保健、健康管理、医药制造、健康旅游、健康食品等多个领域。它不仅包括传统的医疗服务和医药产业，还包括健康管理、健康娱乐、健康服务等方面的内容。健康产业的核心是以人的健康为中心，以提高健康水平、预防疾病、提高生活质量为宗旨，为人们提供相关产品和服务。随着人们对健康的需求的不断增长和对生活质量的追求，健康产业得到了越来越多的关注和发展。具体来看，健康产业大致包括以下几类。

（1）健康管理和预防。在“大健康”时代，人们对健康管理和预防更加重视。健康管理平台、个性化健康咨询和预防性医疗服务得到了广泛应用，帮助人们管理健康状况、预防疾病并提高生活质量。

（2）数字健康和远程医疗。科技的发展推动了数字健康和远程医疗的兴起。人们可以通过智能手环、健康应用程序和远程医疗服务来监测和管理自己的健康，减少不必要的线下就医。

（3）健康食品和有机食品市场。“大健康”时代人们对健康食品和有机食品的需求不断增长。健康食品市场快速扩大，包括天然、有机、功能性食品和营养补充品等。

（4）医疗科技创新。“大健康”时代，医疗科技创新蓬勃发展。新的医疗设备、诊断技术和治疗方法的出现改变了传统医疗模式，提高了医疗效率和患者体验。

（5）健康旅游和养生度假。人们越来越注重健康生活方式，在“大健康”时代，健康旅游和养生度假成为流行趋势。健康度假村、瑜伽度假中心和水疗中心等受到欢迎。

（6）心理健康服务。“大健康”时代人们更加关注心理健康问题，心理健康服务得到了推广。心理咨询、心理治疗和心理健康应用等的发展提供了更多的心理健康支持。

（7）老年健康关注。随着人口老龄化趋势的加剧，老年健康关注日益重要。老年照护、护理设施和医疗保健等领域得到了发展，为老年人提供了更好的健康服务。

（8）健康数据分析和人工智能。“大健康”时代，利用大数据和人工智能技术进行健康数据分析，可以提供个性化的健康管理和诊疗方案，为人们提供更精准的医疗服务。

以上八大健康产业的蓬勃发展深刻影响着每一个人的生活方式与健康选择，也培育了建筑与健康跨界融合的土壤。健康建筑的建造巧妙地将健康理念融入其中，通过绿色建筑、智能家居、健康社区等创新模式，实现了建筑与健康产业的深度融合。

在“大健康”时代，健康建筑成为城市发展的重要方向之一。这种建筑不仅仅是为了提供一个居住或工作的空间，更是为了创造一个有助于身心健康的环境。健康建筑的设计从多个角度出发，旨在全面提升居民的健康水平和生活质量。

健康建筑注重空气质量和通风系统的优化。通过引入先进的空气净化设备和新风系统，确保室内空气清新，减少有害物质的积累，预防呼吸系统疾病。同时，健康建筑强调自然采光和照明设计的合理性，充分利用自然光源，减少人工照明对人体生物钟的干扰，提高居住者的心理健康水平和工作效率。此外，健康建筑在选材上优先使用环保、无毒的材料，避免有害化学物质的释放对居民的健康形成潜在威胁。在节能减排方面，健康建筑通过绿色能源的使用和智能化管理系统的应用，大幅度降低能耗，实现可持续发展。健康建筑还关注居民的心理健康和社交需求。例如，通过设计丰富的公共空间和绿地，鼓励居民进行户外活动和社交互动，增强社区的凝聚力和居民的归属感。同时，健康建筑往往配备完善的健身设施和健康管理中心，为居民提供便捷的运动和健康服务，促进其身体健康。

除建筑单体外，社区经济作为健康产业在社区层面的具体表现形式，在“大健康”理念的推动下，也向着绿色、可持续的方向发展，并与健康建筑共同构建了健康住宅。社区经济是在社区场景下发生的各类经济活动，对城市发展至关重要。我国出台政策鼓励社区经济升级，通过自动化终端、个体工商户、专业机构和“互联网+”等模式发展。同时，通过发展新兴业态空间、出台社区经济政策等方式推动社区经济升级，满足居民需求，从而为城市发展注入新动能。

健康产业为社区经济注入了新的活力，通过提供健康服务、设施和教育，提升居民的生活质量和健康水平，从而增强社区的吸引力和竞争力。同时，社区经济的发展为健康产业提供了广阔的市场空间和丰富的资源支持，通过不断完善基础设施和服务体系，满足居民多样化的健康需求。健康产业注入社区，打通服务的最后一公里，有助于推动“大健康”理念的深入普及和落实。在社区内提供便捷的健康管理、预防保健和医疗服务，不仅可以显著提高居民的健康水平，还能增强他们对健康生活方式的认知和实践。同时，这种贴近居民的健康服务模式能够及时发现并解决健康问题，减少疾病的发生和发展，从而降低医疗成本。此外，健康产业的发展还带动了相关就业机会的增多，促进了社区经济的繁荣，为构建一个健康、和谐、可持续发展的社区奠定了坚实的基础。健康社区包括了健康设施、健康饮食、健康活动与教育、社区护理服务、绿色环保设计、社交支持与社区互动以及健康管理与监测等方面。

1.4 融合发展的健康住宅理念

1.4.1 健康住宅的融合理念与时代价值

健康住宅的概念最早可以追溯到 20 世纪 80 年代，当时人们开始关注居住环境对健康的影响，并提出了改善住宅环境以促进健康的理念。这个概念在不同的国家和地区有不同的起源和发展轨迹。

英国绿色建筑评估标准(BREEAM)创立于 1990 年，是全球首个绿色建筑评估标准，旨在不断改善人居环境，实现建筑开发、环境友好、社会和谐以及经济可持续发展。美国于 1992 年设立了国家铅安全住房中心，后于 2001 年更名为国家健康住宅中心(National Center for Healthy Housing)，关注与住房相关的健康危害和原因。2003 年 NCHH 成立了健康住房解决方案公司(Healthy Housing Solutions)，协助政府和非政府客户开发、管理和评估健康住房项目。随着时间的推移，健康住宅的概念不断发展和完善，涉及的范围也逐渐扩大，从传统的物理健康，延伸到心理健康、社会健康和生态健康等方面。这个概念在当前的可持续发展和智能化技术广泛应用的背景下，得到了更多的关注和实践。总体来看，能使居住者在身体上、精神上、社会上完全处于良好状态的住宅是保障健康的重要基础，被称为“健康住宅”。

1. 绿色建筑、智能建筑与健康建筑

中国《绿色建筑评价标准》GB/T 50378—2019 中定义绿色建筑为“在全寿命期内，节约资源、保护环境、减少污染，为人们提供健康、适用、高效的使用空间，最大限度地实现人与自然和谐共生的高质量建筑。”评价遵循因地制宜的原则，结合建筑所在地域的气候、环境、资源、经济和文化等特点，对建筑全寿命期内的安全耐久、健康舒适、生活便利、资源节约、环境宜居等性能进行综合评价。

美国智能建筑学会(AIBI)将智能建筑定义为将结构、系统、服务、运营及其相互联系全面综合，与设备系统结合为一体，并做出最佳组合，以达到高效率、高功能及高标准的具有舒适性的建筑物。国家标准《智能建筑设计标准》(GB 50314—2015)中将智能建筑定义为“以建筑物为平台，基于对各类智能化信息的综合应用，集架构、系统、应用、

管理及优化组合为一体，具有感知、传输、记忆、推理、判断和决策的综合智慧能力，形成以人、建筑、环境互为协调的整合体，为人们提供安全、高效、便利及可持续发展功能环境的建筑”。这些定义都强调了智能建筑在自动化、能源管理、舒适性和安全性方面的特点，并突出了信息技术在实现这些目标中的关键作用。智能建筑通过集成和优化建筑内的各个系统，获得了更高的运行效率和用户体验。

绿色建筑、智能建筑和健康建筑虽然在某些方面有交集，但它们各自的核心目标和关注点有所不同。

绿色建筑的目标是实现环境的可持续性，主要强调节能、节水、节材、环保、可再生能源利用、废弃物管理等因素。智能建筑的目标是提高效率和舒适度，主要强调自动化控制、能源管理、信息技术与人工智能技术运用、用户体验和安全性等。健康建筑的主要目标是提升居住者的健康水平和增进福祉，主要强调室内空气质量、自然采光、温湿度控制、声光环境、人体工学设计、绿色空间等。

绿色建筑通过减少环境污染和资源消耗，改善整体环境质量，从而间接提高居住者的健康水平。例如，通过使用环保材料和高效通风系统，可以减少有害物质的释放，改善室内空气质量。智能建筑通过自动化和信息技术，直接提升居住者的生活质量和舒适度。例如，通过智能温控系统，可以维持适宜的室内温度和湿度，改善居住者的健康状况。绿色建筑和智能建筑是实现健康建筑的手段。绿色建筑注重环保和资源效率，智能建筑提升操作和管理的效率，而健康建筑则以居住者的健康和福祉为核心目标。将绿色建筑和智能建筑的技术和策略结合起来，可以更有效地实现健康建筑的目标，为居住者提供一个更加健康、舒适和可持续的生活和工作环境。

2. 从健康建筑走向健康社区

健康建筑注重提升建筑单体的健康水平，包括室内空气质量、自然采光、温湿度控制等方面的改善。而在走向健康社区的过程中，我们不仅关注建筑本身的健康，还将健康的概念扩展到社区、精神和心理等多个层面。健康社区不仅要提供优质的室内环境，还应该创造积极的社区互动环境、支持居民心理健康的空间设计，以及促进身心健康的生活方式和服务设施。因此，健康社区是一个更加全面和综合的概念，旨在为居民提供一个在各个层面都能促进健康和幸福的居住环境。健康社区迎合了当下众多时代理念，满足了当下社会对健康、环保、社区互动、智能科技和心理健康的追求，是对当代生活理念的积极回应和践行。

(1)健康生活方式。当代人越来越重视健康和生活质量,健康社区提供了支持健康生活方式的环境,包括便利的运动设施、健康饮食选择、促进身心健康的社区活动等。

(2)可持续发展。环保和可持续发展理念在当下得到广泛关注,健康社区通常采用节能环保的设计和建材,致力于减少对环境的影响,符合可持续发展的要求。

(3)社区互动与共享。健康社区强调社区建设和居民之间的互动,倡导共享资源和社区服务,增强社区的凝聚力,弘扬互助精神。

(4)智能科技应用。当代人对智能科技的需求日益增长,健康社区通常会整合智能家居系统,提升居住体验,实现智能化管理和节能环保。

(5)心理健康与幸福感。心理健康和幸福感成为当下关注的焦点,健康社区的设计考虑到了居民的心理需求,提供舒适的空间和有益于心灵放松的环境。

1.4.2 引领时代的健康住宅新内涵

健康住宅的概念历经了数十年的发展,早期理念主要关注空气质量、水质、安全性和基础卫生设施建设等基本健康需求,而随着社会的进步和人们对生活质量的要求的提升,健康住宅的内涵也在不断扩展,从住宅单体扩展到社会层面,住宅单体层面上的温湿度、光照、空间等因素,以及社会层面上的社区环境、运动健康等理念均被涵盖在内。

最初,建筑主要聚焦于满足人们的基本居住与使用需求,随着 20 世纪中后期能源危机的爆发,建筑的节能性受到世界各国重视,绿色建筑理念逐渐融入住宅设计之中。"绿色"成为对建筑环境性能进行衡量的一个标准,强调节能环保、资源高效利用和可持续发展的原则,更多关注建筑单体的属性。随着社会的发展,人们逐渐重视居住者在住宅中的身心感受,在绿色建筑的基础上,健康住宅的概念诞生,健康住宅不仅可以为人们提供更加健康的环境、设施和服务,更可以促进人们身心健康、实现健康性能提升。

进入 21 世纪,随着科技的迅猛发展,智能家居技术被广泛应用于健康住宅,提供更智能、更便捷的健康管理解决方案。近年来,健康住宅的概念扩展到心理健康、社交互动以及整体生活方式的改善等方面。现代健康住宅注重为居民提供一个全方位的健康支持系统,包括便利的运动设施、健康饮食选择、心理健康支持、社区互动活动等。此外,健康住宅通过各种智能设备和应用程序,帮助居民自我监测和管理健康状况,使其积极实施健康行为，通过技术手段帮助居民从传统被动式健康转向倡导主观能动性的主动式健康。

健康住宅的概念已经历了几十年的发展演变，从基础的健康需求延伸到综合性的健康生活方式，涵盖了物理、心理和社交等各个层面，其不断适应和满足当代人对健康和幸福生活的追求。随着健康住宅理念的深化，人们在多个维度上都有不同的探索和实践，以满足不同人群、不同阶段的全生命周期健康需求，具体体现在以下几个方面。

（1）“人”+“建筑”的全生命周期健康需求。以往所说的全生命周期主要是针对建筑而言的，即设计、建造、运营、维护、回收再生等一个连续时间轴上的静态问题；而健康问题是动态的，不同人群的健康需求是不同的，多代同居面临的健康问题也更加复杂，环境对健康的影响具有累积效应。所以必须实现提早干预，而且干预的手段和技术还要与居住者的年龄变化相适应。

（2）从健康保障向健康促进迈进。以往的健康研究主要是从疾病预防的角度出发的，因此采取了常规的技术研究路线。但健康包含疾病预防、延长寿命和改善生理机能三个层面，因此我们的健康住宅研究正在向“健康促进”转变，包括运动、营养、心理、医疗等方面的研究团队，将以新的方式介入健康住宅的研究。

（3）基于性能检测，以主动干预为目标的建筑健康。基于健康中国战略的要求，把健康融入住房建设政策制定中；把健康住宅和健康部品的评价与住宅设计、运营结合到一起，成为设计、验收、维护的重要环节。

（4）以健康住宅为载体的家庭智慧健康服务。健康住宅的一大特点是提供健康服务，精准的个性化服务需要连续、精确的信息。在5G时代，健康住宅利用新一代信息采集技术、AI技术、物联网技术、区块链技术，在住宅中、于自然状态下，感知生命信息和环境信息，采集居民健康数据；通过深入挖掘与计算，将相关的数据按时发送给签约的家庭医生、住宅设备运营方、居住者，以及营养、运动等服务的供应商，为居民提供针对性的非医疗健康服务；通过搭建居家智慧健康服务平台，从环境、行为、医疗（根据世界卫生组织数据，这三方面对健康的影响为85%）三方面着力提升住宅健康性能。

所谓面向未来的健康住宅，即依托精益建造、科技建造、智能建造、绿色建造、人文建造等先进技术，融合中国人的情感寄托、精神追求和价值理念，匠心锻造的品质住宅，其能使居住者主动地在全生命周期内，在身体上、精神上、社会上完全处于良好状态。

健康住宅不仅局限于建筑单体本身的健康设计，更是将社区环境、邻里互动和城市嵌入的匠心营造等包含在内的系统工程。要实现建筑单体的健康，营造居住者在物理层面的健康体验，必须综合考虑温湿度、空气质量、声环境、水质、光照和空间布局等要素。同时，为塑造一个宜居共融的社区环境，促进亲密温馨的邻里互动和和谐协调的城市融入，实现居住者的精神享受与良好社交体验，需全面考虑社区环境和业态运营等要素。上述要素的有机组合与相互促进，将共同推动住宅健康化的实现。

第2章 全球健康住宅的探索与演变

2.1 率先探索：国外健康住宅的源起与推进

2.1.1 国外健康住宅发展之路

人类对于健康住宅的关注，最初源自对居住质量与健康问题的深刻认识。国际上对于“居住与健康”的讨论由来已久，从1933年的《雅典宪章》提出现代城市应解决好居住、工作、交通等问题开始，到1981年的《华沙宣言》指出建筑学应进入环境健康时代，建筑界开始将研究的目光转移到“居住与健康”上。

为了应对20世纪70年代能源危机而采取的一些建筑节能措施，如增强建筑的保温性与气密性等，终于在20世纪90年代开始显现其弊端。病态建筑综合征大量显现，建筑物设计不佳（如密封性过强、通风设计不合理）、装修材料使用不当（如装饰材料含过多的挥发性有机化合物）等引起室内空气问题，导致居住者身体不适，因此室内空气品质及健康建筑成为研究热点。这一时期的健康建筑主要关注各类建筑材料释放的挥发性有机化合物对人类健康的影响。到20世纪90年代中期，已经广泛开展了“居住与健康”的研究工作，国际上，在建筑与可持续发展课题中，健康是最为核心的研究内容之一。世界卫生组织（WHO）是联合国的一个专门机构，致力于在全球范围内改善卫生情况和增进人类福祉。在WHO的指导下，健康住宅的概念被提出并逐渐得到重视。WHO规定健康是指在身体上、精神上、社会上完全处于良好的状态，而不是单纯指没有疾病或体弱的状态。WHO曾针对健康住宅制定了15条标准，内容涵盖光照、温（湿）度、声音、材料、空间、空气等方面。WHO提出的健康住宅的研究实践已成为国际社会的基本共识。除此之外，从各国健康住宅的研究与实践动态来看，很多国家在健康住宅的建设上都已取得了不同程度的发展，并结合本国特点进行了深入的研究和实践探索。

美国健康建筑的发展经历了初始认知与研究阶段、绿色建筑发展阶段、健康建筑概念涌现阶段、健康建筑发展和应用四个阶段。美国于 1992 年设立了国家健康住宅中心，开展了“健康的家”建设计划并设置了专门机构，指导健康住宅的发展。随着对环境可持续性和节能减排的关注不断增加，绿色建筑概念得到推广。美国绿色建筑委员会（USGBC）于 2000 年发布了 LEED 评估标准，该标准鼓励及认可具备环境可持续性的建筑项目。尽管健康影响不是 LEED 的主要关注点，但该标准倡导提高环境质量和可持续性，也对人体健康产生积极影响。2014 年，美国国际 WELL 建筑研究所（International WELL Building Institute，IWBI）提出了世界上第一部健康建筑评价标准即 WELL 健康建筑标准，这是健康建筑发展阶段中的重要转折点。近年来，健康建筑概念在美国得到广泛应用。除 WELL 健康建筑标准外，Fitwel 健康建筑评价体系于 2017 年推出，由美国总务署（General Services Administration，GSA）和美国疾病控制与预防中心（Centers for Disease Control and Prevention，CDC）共同开发，以公共卫生研究为基础，提供评估建筑健康性能的方法，并提出相应改善措施。这些标准和认证体系的出现推动建筑行业向更健康和更可持续的方向发展。

经历了能源危机后，加拿大政府在开发节能住宅技术的基础上，逐步加强评估建筑设计、生产、安装节能通风设备等方面健康性能的研究，把研究及开发出来的科技成果、建造技术和测试方法集中组合，出台了 Super E™ 健康住宅技术规范。该规范包含了技术、人员培训、公司成员注册、产品质量保证等数个范畴。加拿大自然资源部（NR Can）把 Super E™ 推广至日本、英国、爱尔兰、中国等市场，为这些国家的房地产市场提供舒适及节能的住宅。2013 年，加拿大 GIGA 循绿公司创建了全球首个基于传感器和性能驱动的建筑标准，即 RESET 室内健康标准，其包含的评估工具有助于形成可操作的长期策略，以实现健康可持续的建筑环境。

20 世纪 80 年代末，日本医疗卫生机构的一项调查揭示出，日本大约有 30%的住宅因为使用有害的化学物质而易引发人群的“新居综合征”。这一调查结果引发了日本政府、行业和社会对住宅健康性能的高度关注，相关方面迅速展开行动。20 世纪 90 年代，日本政府颁布了《健康住宅宣言》和《环境共生住宅》发展指引，用于指导住宅的建设与技术的开发，并大力推行健康住宅。根据有关的标准要求，日本健康住宅须具备三个方面的特征：实现住宅内居住环境的健康性和舒适性；通过有效地利用资源、节能和利用自然能源等办法来保护环境；与自然环境、地区社会等周边环境协调。为了推行健康住宅，日本成立了专门的健康住宅技术研究所、健康住宅对策推进协议会等组织，以预防化学物质、霉菌等引起的过敏症等疾病，营造健康、安全、舒适的居住环境。同时，日本组织了公众卫生、设备技术、文教等部门进行有关的研究、开发和推广。

瑞典、丹麦、芬兰、冰岛、挪威等北欧国家在建材方面制定了严格的标准，实施了统一的北欧环境标志，包括住宅在内的环保产品都须经过专项认证。欧美国家对于"环境卫生及健康建筑"这门新兴的学科产生了浓厚的兴趣，几乎每年都有"健康建筑"主题的国际学术会议召开。这一时期的研究主要侧重于室内空气品质与建筑材料方面，提出的对策则有强化通风、污染源控制和空气净化等。欧洲地区目前以欧洲法规标准平台授权欧洲理事会制定的合格评定——CE 认证法规（Conformity of Europe）作为官方的认证标准。这是欧洲市场上的强制性标识，只有贴着 CE 标识的商品，才能在欧洲市场上流通。CE 认证法规对产品安全、健康和环保提出了最低的要求，并不是合适的或最高的要求。目前欧盟成员国各自都有其标准，其提出的并不是最低的要求，而是更加人性化、高标准的要求，其中与健康住宅相关的评价体系有英国建筑研究院环境评估方法（Building Research Establishment Environmental Assessment Method，BREEAM）和德国可持续建筑认证标准（DGNB），它们发展较为完备，在全球范围内具有影响力。

进入 21 世纪后，绿色建筑得到了蓬勃发展，绿色建筑评价标准如英国的 BREEAM、美国的 LEED、日本的 CASBEE 和德国的 DGNB 逐步为大家所熟悉，中国也在 2006 年发布了绿色建筑三星评价标准。英国的绿色建筑标准 BREEAM 中，与人类健康与幸福相关的条款占到 15%，而 LEED 标准中，该比例为 20%。可见绿色建筑已经关注了人类健康，但绿色建筑关注的重点仍然是能源与环境。与此相比，健康建筑则是绿色建筑的深层次发展，需要依托绿色建造、智能建造、人文建造等多种建造技术。作为健康建筑的细化领域，健康住宅是住宅真正回归"以人为本"的一次飞跃，更加强调居住者的健康体验，同时也需要具备绿色、低碳、可持续建筑固有的基本属性。

2.1.2 北美地区健康住宅评价标准

1.WELL 健康建筑标准

Delos 公司是 WELL 事业的策动者，其对于健康建筑的探索十分积极，重点研究建筑环境和人们的联系，将全新的设计手段、创新科技、健康理念引入其中，创造出能够带来快乐、促进健康的居住以及工作条件，防止出现健康问题，培育健康的生活方式，提升生活质量。为使健康建筑的目标得以实现，Delos 公司组建了专业团队，包括很多业内知名人士，有建筑设计师、经济学家、社会学家、科学家、医学专家等，一共耗费了七年，最后制定出 WELL 健康建筑标准。Delos 公司作为 WELL 健康建筑标准的启动者，把以人为本的设计方式、创新保健技术、健康理念引入学习、工作以及生活中。

Delos 公司于 2013 年创建了国际 WELL 建筑研究所，该研究机构是一个公益性组织。2014 年 5 月，美国绿色建筑认证协会（Green Building Certification Instituted，GBCI）发表声明，宣布与 IWBI 合作，在 WELL 认证中 GBCI 主要负责 Well 项目的认证工作，包含资格证书发放、资格认证、相关文件审核、前期注册等。2014 年 10 月，IWBI 正式颁布了 WELL 健康建筑标准 1.0，这是世界首部完善的健康建筑标准。此外，IWBI 对其在国际上的维护、支持、推广、应用工作全面负责。在建筑标准的制定和优化过程中，IWBI 将建筑健康理念推广到全球，提倡生活空间的扩展，同时对健康与人居环境问题进行关注。此外，WELL 认证的所有获利中，用来做慈善或者用于建成健康环境、改善卫生条件的部分占 51%。

WELL 健康建筑标准现有 V1、V2 两个版本。V1 版本主要从七大体系着手，分别为空气、水、营养、光线、健身、舒适性、精神这七个方面。2018 年 WELL 健康建筑标准 V2 试行版发布，在为期两年的试行阶段，V2 版本经历了严格的研发流程，不断改进和完善，其中包括六个月的公开评论征求意见及最后的利益相关者审核，在两个阶段中参考了数百条市场反馈意见。新版的 WELL 健康建筑标准认证体系愈加清晰直接，不直接以项目业态或者类型进行划分，而是以开发商的管控范围和认证范围为主导。

V2 版本将原有的七大体系扩充为十大体系：空气、水、营养、光线、运动、热舒适、声环境、材料、精神、社区。其中材料在 V2 版本中是一个单独概念。而在 V1 版本中，材料要求包含在特定的空气和精神条款中。V2 版本相对于 V1 版本来说，在"以人为本"方面加入了更多的指标和条款，结合新增的社区体系，旨在强调 WELL 认证从个人与环境的角度对室内空间环境健康的重视。V2 版本在 V1 版本的基础上重组结合而成（表 2.1）。

表 2.1　WELL 健康建筑标准 V1 版本与 V2 版本对比

WELL 健康建筑标准 V1 版（2014）		WELL 健康建筑标准 V2 版（2020）	
体系名称	条款数量	体系名称	条款数量
空气	29	空气	14
水	8	水	9

续表

WELL 健康建筑标准 V1 版（2014）		WELL 健康建筑标准 V2 版（2020）	
营养	15	营养	14
光线	11	光线	9
健身	8	运动	11
舒适性	12	热舒适	9
		声环境	8
精神	19	精神	11
—	—	材料	12
—	—	社区	17

WELL 健康建筑标准可分为铂金级、金级、银级。这三个等级的认证主要是依据 WELL 健康评分（Wellness Score，WS）所得，建筑物要达到铂金级认证，其健康评分必须是 9~10 分；要达到金级认证，健康评分必须是 7~8 分；要达到银级认证，健康评分必须是 5~6 分。如健康评分低于 5 分，则表示认证不通过。

WELL 健康建筑标准评价体系更侧重现场的技术和设备的落实，所以 WELL 健康建筑标准评价体系中包含“性能验证”这一步，即评审单位派专门的检测人员，在项目竣工后或运营后进行相关指标的检测，包括室内环境中的 PM2.5、PM10、TVOC（总挥发性有机化合物）、甲醛等污染物水平的测试，也包括室内光环境、声环境、热环境等指标的检测。建筑项目的 WELL 认证必须由专业的、独立的机构进行五个流程的审核后才能得到认证，该机构被称为美国绿色建筑认证协会（GBCI），它是一个独立的第三方认证机构。具体认证流程包括项目注册、项目文档审查、现场性能认证、取得认证证书和再认证。

2.Fitwel 健康建筑评价体系

Fitwel 是美国总务署和美国疾病控制与预防中心共同制定的一种健康建筑认证标准，由非营利组织活动设计中心（Center for Active Design，CAD）推行。相关研究最早在 2011 年开始，它的愿景是建立一个更健康的未来，让每一个建筑都支持居住者的健康。截至 2015 年，美国总务署随机对美国政府的 89 幢建筑物进行评测，并对 Fitwel 进行了改进，2016 年 Fitwel 健康建筑评价体系正式由非营利组织活动设计中心接管并运营。现在的 Fitwel 包含以下七大条款。

（1）对周围社区健康的影响。影响周围社区健康的条款占比较大。影响周围社区健康的策略将项目的影响扩大到现场居住者的健康之外，惠及那些在邻近地区生活、工作、娱乐或学习的人。

（2）减少发病和旷工。降低慢性病和精神疾病的发生率，从而使办公室健康，减少疾病传播，减少误工天数，提高工作效率。

（3）支持弱势群体的社会公平。通过普及低价格、更健康的食品，增加针对性的健康促进设施，从而确保包括儿童、老年人、残疾人或社会经济弱势群体在内的一系列人群有更多机会获得促进健康的机会。

（4）传递幸福感。使空间干净清洁，加强与自然的联系，以及增加社会参与机会，提高居住者的轻松程度和安全感。

（5）增加获得健康食品的机会。通过使健康食品的渠道和来源多样化，促进居住者做出更健康的选择，并通过价格激励措施降低健康食品的成本，从而为居住者提供更多的水果、蔬菜和其他营养食品。

（6）促进居住者安全。降低犯罪和伤害的风险，保护骑自行车的人和行人免受车辆的伤害，并提高楼梯的安全性。

（7）增加体力活动。通过鼓励使用楼梯、扩大室内和室外健身区域、增加健身设备，将运动纳入日常生活中。

Fitwel 健康建筑评价体系的认证过程共有六步，分别为：登记注册（Register）、对照评估（Evaluate）、检测（Benchmark）、上传注册信息（Submit）、审查（Review）、发布认证（Certification）。认证有效期为三年。Fitwel 针对不同分值的认证项目会颁发不同等级的认证证明，共分为三级：一星级（须达到 90~104 分）、二星级（须达到 105~124 分）、三星级（须达到 125~144 分）。

Fitwel 健康建筑评价体系的认证只需 12 周即可完成全部流程，对于新建建筑或已有建筑有专门的认证渠道。Fitwel 认证并不是永久性认证，而是需要周期性重新认证才可以继续获得，每一次认证有效期为三年，在三年认证期满后一年内提交再认证申请的项目有资格享受现行费用 20% 的折扣，Fitwel 在制度上充分鼓励建筑项目进行长期有效的维护，而不是经历一次“测试”可以获得终身认证，因此在一定程度上增强了公信力。

系列建筑物和场地都符合认证条件。社区、商业/工业场所、老年住房、工作场所（多租户基地建筑、多租户整栋建筑、单租户建筑、商业室内空间）、零售建筑和多户住宅建筑都有资格获得 Fitwel 认证。针对不同类型的项目，Fitwel 提供多种记分卡。每个记分卡根据建筑的主要用途和受影响人群，确定不同设计策略的优先级。

Fitwel 认证记分卡是由公共卫生、设施管理和设计方面的专家共同开发的。每一项标准都至少与七项健康影响类别中的一项联系起来。Fitwel 认证得到了美国疾病控制与预防中心 3 000 多份研究报告的支持，由美国总务署在发布前于全国范围内进行了试点。该认证评估内容涵盖工作场所的各项特征，如楼梯井、户外空间的设计，以及室内清洁空气标准等。Fitwel 认证记分卡主要涵盖了建筑的设计以及内部构造对人体健康的影响，包括以下方面。

（1）位置。工作场所应位于更适宜步行的社区，附近有便利的公共设施和公共交通，为健身活动、社会公平和社区健康带来积极影响。

（2）建筑通道。支持多种形式参与常规体育活动的机会。设计策略要对共乘、自行车和行人形成支持。

（3）户外空间。提供就近的室外空间和户外设施，如步行道和无烟区。

（4）入口和首层。建筑首层可以进行优化，以提高空气质量、方便促进健康设施的使用。

（5）楼梯间。在楼梯间提供一种方便的方式，提高居住者使用楼梯的频率，增加其在一天内的体力活动。

（6）室内环境。通过限制有害的空气污染物和改善空气质量，减少引发慢性病、并发症的有关危险因素。

（7）工作区域。健康舒适的工作空间，可以帮助减少旷工，同时也能逐渐灌输健康理念。

（8）共享空间。提供更宽敞的身体活动和精神休憩的区域，营造工作空间之外的健康环境。

（9）供水。提供健康的饮水，减少软饮料的饮用。

（10）自助餐厅和零售店。提供多种健康食品和饮品。

（11）应急措施。应急措施在紧急情况下可以保护生命，如自动体外除颤器的放置和相关急救培训计划的制订。

3.LEED 绿色建筑体系

在美国建筑师学会（The American Institute of Architects，AIA）1993 年 4 月召开

的董事会上，里克·费德里兹、大卫·戈特弗里德、麦克·伊特利阿诺，组织了 60 多个公司及若干非营利性机构的代表出席。他们三人牵头在建筑产业中形成了一个联盟，致力于创建一套绿色建筑评估体系。

1993 年三人联合成立了 USGBC，1998 年，USGBC 正式发布 LEED V1.0 版本，开始 19 个项目的试点测试。2000 年，LEED 建筑项目启动，并于 2001 年正式推出 LEED V2.0 版本。2002 年 11 月，USGBC 为一所小学颁布 LEED Gold 认证，由此拉开 LEED 迅速发展的序幕。2003 年，USGBC 聚集大量人力物力并推出 LEED V2.1 版本，其中包含建筑与商用内饰部分，同年 10 月，新增建筑核心与外表皮部分认证，2004 年底，LEED 在美国完成了 100 个认证项目。2009 年，USGBC 推出 LEED V2009 版本，V2009 版本加入了基于美国环保局和美国国家标准研究所开发的评级工具，为 LEED 加入了更加科学的评价等级，同年 LEED V2009 中加入了商用室内设计空间认证项目。2015 年，USGBC 发布 LEED V4 版本，增加了更多灵活性的评级项目，包括基于性能的智能电网评价方法，对材料和资源的重视，对水以及废水的处理。

2019 年，USGBC 正式推出 LEED V4.1 版本，是 LEED V4 版本的升级版，V4.1 版本允许项目通过建筑性能的持续监控获得分数，充分整合了以绩效结果为导向的认证评价方式，为现有的建筑、住宅提出了更科学理性的评价评级方式。LEED V4.1 的目标是创造更好的建筑，具体包括对全球气候变化的贡献、促进个人健康、保护和恢复水资源、保护和增强生物多样性、促进可持续和可再生的材料循环以及提升社区生活质量。相应地，在所有 LEED 积分中，35%与气候变化有关，20%直接影响人类健康，15%影响水资源，10%影响生物多样性，10%与绿色经济有关，5%影响社区和自然资源。

LEED V4.1 目前分为六大方向：建筑设计 + 施工（Building Design + Construction）、室内设计+施工（Interior Design + Construction）、运营+维护（Operation + Maintenance）、住宅（Residential）、城市和社区（Cities and Communities）、再认证（Recertification）。六大方向中，LEED V4.1 住宅指标体系专门用于评估住宅建筑项目的整体环境性能，涉及整合过程、位置和交通、建筑的选址、水的有效利用、能源与大气环境、建材与资源、室内环境质量、区域优先八大得分板块。LEED V4.1 住宅指标体系基于 LEED V4 的框架，但对住宅建筑项目进行了定制化的改进，以下是其主要特点。

（1）综合性评估。综合考虑建筑的建造过程、材料选择、水和能源利用等多个方面的因素，以确保住宅建筑项目的整体环境性能。

（2）充分考虑用户需求。根据住宅建筑的特点，增加了对用户需求的关注。例如，在室内环境质量方面，除了考虑空气质量和照明等基本需求外还强调了住宅健康和舒适性方面的特殊要求。

（3）强调社区影响。关注住宅建筑项目对社区的影响。例如通过评估建筑与交通网络的连接，以及鼓励住宅建筑项目的社区参与，促进可持续社区的发展。

LEED V4.1 要求综合开发项目住宅部分面积大于 60% 即可申请住宅认证，在完全满足最低项目要求（Minimum Program Requirements，MPR）的前提下，项目团队可以对项目进行住宅认证。最低项目要求对住宅建筑项目有如下限制：必须是既有场地上的永久场址；必须使用合理的 LEED 边界；必须满足项目规模要求。

LEED V4.1 住宅认证拥有三个分支：单住户住宅，主要针对新建的单住户住宅，包括独栋住宅建筑或是双拼建筑的住宅；多住户住宅，适用于任何新建的或重大改造的并且拥有两个以上住宅单元的多住户住宅；多住户住宅核心与外壳，多住户住宅建筑外壳和核心机械、电气和管道单元的新建或重大翻新。

项目通过 GBCI 的验证和审查过程，获得与 LEED 认证级别相对应的分数：认证，40~49 分；银奖，50~59 分；金奖，60~79 分；白金奖，80 分以上。认证流程包括五个步骤，分别为：认证体系选择、项目注册、项目提交、项目审核、项目获得认证。

4.RESET 室内健康标准

RESET 室内健康标准由加拿大 GIGA 循绿公司开发并管理，于 2013 年发布，是世界上第一个基于传感器和性能驱动的建筑标准。该标准概述了部署监测器、收集监测数据和报告结果的要求，利用技术的力量来评估建筑物在其整个生命周期中的健康性能。该标准旨在提升持续监测的作用，在全球范围内提高其使用率和可信度，启发人们目前对建筑运作方式的理解，以创造一个更健康、更可持续的未来。为确保普通用户也能及时了解，增强数据监测的透明性，RESET 的很多项目都可以通过相应的手机应用端进行展示。

RESET 室内健康标准分为两类：材料标准（RESET Embodied Standards，以前称为 RESET Materials）和运营标准（RESET Operational Standards）。

RESET 材料标准用于收集和组织建筑环境的材料数据，评估项目中建筑材料和产品的健康、安全和生态性能。目前由三个部分组成，每个部分都有各自的数据和评分要求：核算建筑材料采购、运输和施工的碳排放（Embodied Carbon）；核算产品和项目的总循环性，Embodied Circularity，包括寿命来源（SOL）和寿命终止（EOL）；根据化学成分和化学废气核算健康，Embodied Health。

一般情况下，一座建筑的寿命可能不会超过 100 年，构成建筑的材料中的有毒化学物质却要比想象中存在的时间还要长，即使建筑倒塌，建筑材料中的有害物质也会通过各种方式进入人体。RESET 项目认证植根于材料的安全性，关注材料中的化学成分。只有从源头消除污染才能真正确保室内环境的健康。RESET 室内健康标准聚焦室内空气与材料的主要原因是目前室内空气污染较室外更为严重，室内空气污染物日趋复杂，尤其关系到人类的工作和健康。

RESET 运营标准重点关注建筑环境的运营阶段，包括空气、水、能源、废弃物四个方面的数据。RESET 空气标准定义了通过对室内空间或建筑物的连续监测来收集室内空气质量数据的要求。RESET 水标准由两部分组成：耗水量和水质。RESET 能源标准通过电能表连续收集能耗数据。RESET 废弃物标准通过物联网持续收集垃圾箱和容器的废物生成数据。

对于每一个方面的数据，RESET 室内健康标准对监测值做了限定，项目在规定时间段内都符合要求才能通过认证。例如，RESET 空气标准认证过程是对室内空气质量进行实时监控和数据检测，可由任意计算机或者手机端完成。在获得认证之前，室内空气质量必须在一个月内的连续监测中达标，空气标准对 PM2.5、CO_2、VOC 等进行健康值限制（表 2.2）。

表 2.2　RESET 空气标准各项监测值的限值

<table>
<tr><th>测量值</th><th>PM2.5</th><th>CO_2</th><th>VOC</th><th>温度</th><th>湿度</th></tr>
<tr><td colspan="6">商业室内设计项目</td></tr>
<tr><td>可接受数值</td><td>< 35 $\mu g\cdot m^{-3}$</td><td>< 1000 ppm</td><td>< 500 $\mu g\cdot m^{-3}$</td><td>监测</td><td>监测</td></tr>
<tr><td>最高限定值</td><td>< 12 $\mu g\cdot m^{-3}$</td><td>< 600 ppm</td><td>< 400 $\mu g\cdot m^{-3}$</td><td colspan="2">虽然对温度和湿度未做要求，但必须考虑到它们对 PM2.5 和 VOC 的影响</td></tr>
<tr><td colspan="6">核心与外壳项目</td></tr>
<tr><td rowspan="2">要求</td><td rowspan="2">≤12 $\mu g\cdot m^{-3}$ 或≥75%Re-duction</td><td rowspan="2">≤800 ppm</td><td rowspan="2">≤400 $\mu g\cdot m^{-3}$</td><td>监测</td><td>监测</td></tr>
<tr><td colspan="2">虽然对温度和湿度未做要求，但必须考虑到它们对 PM2.5 和 VOC 的影响</td></tr>
</table>

RESET 项目认证要求收集大量数据，因此数据质量和可靠性至关重要，要求监控设

备在较长时间内收集信息的准确性达标。RESET 室内健康标准监控设备种类繁多，GIGA 循绿公司将市面上纷繁复杂的监控设备分为三个级别：A 级，标定级别监测设备；B 级，商用级别监测设备；C 级，家用级别监测设备。每种等级的设备的适用场景不同（表 2.3），RESET 项目认证只接受 B 级以上的监控设备（表 2.4）。

表 2.3　监控设备等级及适用场景

等级	适用场景
A 级	用于标定 B 等级和 C 等级的监测设备。A 等级监测设备一般为（但不限于）手持，主要用于项目调试、现场审核和污染物源检测
B 级	为建筑提供大规模可行的空气质量数据，平衡了性能和费用，有助于促成可靠的建筑自动化，为空间使用者提供高质量的数据
C 级	普通消费者可负担起的设备，主要用于个人数据收集或非科学目的的数据收集

表 2.4　RESET 空气标准对室内空气品质的监测标准（B 级）

测量值	测量范围	输出分辨率	精准度
PM2.5	0~500 μg·m^{-3}	1 μg·m^{-3}	0~150：±5 && 15% 150~500：±5 && 20%
CO_2	400~5 000 ppm	5 ppm	400~2 000：±50 && 3% 2 000~5 000：±50 && 5%
TVOC	150~2 000 μg·m^{-3}	10 μg·m^{-3}	150~600：±20 && 15% 600~2 000：±20 && 20%
温度	0~40 ℃	0.1 ℃	±1 ℃
湿度	10%~80% RH	1% RH	±8% RH

RESET 项目认证分为完全认证和部分认证。完全认证包括材料的健康信息收集及其隐性影响、室内空气质量监测及运营影响，完全认证适用于新建建筑。部分认证只需要在运营阶段进行监控，部分认证适用于新建建筑或者小规模装修项目。RESET 项目认证是基于监测数据的，并且持续不断，要求建筑物的设施和运营团队与业主和租户共同努力，以永久保持认证状态。

5.Super E™ 健康住宅技术规范

加拿大 Super E™ 旨在提供健康、舒适、环保的住宅，是高质量的保证。经历了 20 世纪 70 年代的能源危机后，加拿大政府努力开发节能住宅技术，研究出了节能、舒适、健康、环保的住宅。加拿大政府把研究及开发出来的科技成果、建造技术和测试方法集中组成了 Super E™ 健康住宅技术规范。该规范采用加拿大的 R2000 健康住宅标准，并做了适当的变化以适应不同地区的气候。R2000 健康住宅标准由加拿大自然资源部（NR Can）与民用建筑行业在二十多年前共同开发，目的是推广节能、环保及健康住宅。

整个 Super E™ 健康住宅技术规范包含了技术规范、人员培训、公司成员注册、产品质量保证等数个范畴。英文字母“E”代表了 Super E™ 住宅的四个主要优点：节约能源（Energy Efficient）、保护环境（Environmentally Responsible）、提高居住环境质量（Enhances the Homeowner's Quality of Life）、经济实用（Economical）。Super E™ 住宅采用了特别的建筑技术，在五个方面做出了规范，具体内容如下。

（1）屋内空气质量。室内空气质量是健康住宅的重要一环，Super E™ 健康住宅技术规范要求住宅使用健康的建筑材料，气密建造，住宅内使用机械连续通风。

（2）健康及环保建筑材料。住宅内尽量使用环保及健康建筑材料，提高环境保护功能，改善室内居住环境。规范提供了一份健康建筑材料清单，每幢住宅必须选用其中二项或以上材料。另外，规范亦提供了一份环保建筑材料清单，每幢住宅必须选用其中两项或以上材料。

（3）机械通风设备。通风设备必须满足严格的加拿大通风规范 CSA F-326 的要求。采暖及空调设备必须符合当地规范要求，并尽可能使用高效节能产品。所有室内燃烧设备必须直接向屋外排气，防止发生室内燃烧废气污染，以保证室内空气质量。所有设备应使用高效益产品，包括所有设备内的风扇，以降低设备的操作费用。

（4）爬行空间（架空层）。加拿大及日本的研究都证明了密封爬行空间的优点，密封建筑能保证爬行空间足够保温，还能防止其过潮并杜绝发霉。规范要求爬行空间必须采用密封建筑。密封爬行空间有增强房屋的耐久性、改善屋内空气质量、提高节能效益、保持干燥、防止霉菌及白蚁滋生、提供储藏空间等优点。

（5）墙体结构。住宅要采用多种先进的墙体技术，提高居住建筑的节能、舒适及健康功能。规范要求墙体的设计及建造方法必须和当地气候和环境配合，这是 Super E™ 的一个重要亮点。住宅的墙体要增强保温及隔热功能，减少住宅在冬季需要的热荷载或降低在夏季的冷荷载，节省能源。另外加上外挂保温板，杜绝墙体上出现冷点，防止结露及发霉。所有外墙都采用气密石膏板工艺建造，气密的建筑可增加节能效益，改善屋内空气质量，使居住环境更舒适健康。所有外墙都采用防雨幕墙建造，更有效地控制水分在墙体上流动，杜绝水分对结构的破坏，增强建筑耐用性。

每一幢 Super E™ 住宅必须经过注册程序，并需要通过严格测试。住宅必须采用一定数量的加拿大产品和技术，当检测达到所有要求后，加拿大政府将发出一张证书，证明该住宅已达到 Super E™ 的标准。

2.1.3 欧洲地区健康住宅评价标准

1.BREEAM 绿色建筑评估体系

英国建筑研究院环境评估方法，又称为 BREEAM 绿色建筑评估体系，始创于 1990 年，如今 BREEAM 已发展成为国际公认的可持续性的质量和价值标准，可应用于整个建筑生命周期，适用于世界任何地方，是全球最早也是最普遍采用的一种绿色建筑评估方式，于 2005 年引进中国，针对零碳建筑的净零碳认证标准于 2021 年发布，是国内首个针对碳排放认证的国际性评价标准。中国城市科学研究会绿色建筑研究中心（CSUS-GBRC）和英国建筑研究院（BRE）于 2019 年初共同启动了绿色建筑国际双认证，以《绿色建筑评价标准》（GB/T 50378—2019）和 BREEAM 绿色建筑评估体系为基础，深度开展标准对比和联合认证。

BREEAM 评估体系以"因地制宜，平衡效益"的理念为核心，成为兼具"国际化"和"本地化"特色的绿色建筑评估体系，通过综合评估项目的采购、设计、施工和运营，确保每一阶段都符合目标性能要求。目前全球已有 70 余个国家及区域拥有 BREEAM 认证的项目，超过 11 万幢建筑完成了 BREEAM 认证，另有超过 50 万幢建筑已申请了认证，绝大多数位于发达国家的知名城市。英国首相官邸、汇丰银行全球总部、联合利华英国总部、普华永道英国总部等国际知名地标建筑均采用了该评估体系进行认证。

评估体系在现有系统和实际操作基础上，建立了一套科学而严格的标准，它包括六项技术标准，适用于建筑物或项目生命周期的不同阶段，包含：新建建筑、既有建筑、翻新与装修建筑、基础设施建设-土木工程与公共区域、城市区域-总体规划、新住宅-住宅质量标识。该评估体系涵盖九大评估范畴，旨在评估建筑的所有方面，其权重将依据不同地区的具体情况进行调整。该评估体系并不局限于能源消耗和绿色建材，还包括了健康、安全、污染等方面，是一个百科全书式的绿色标准。九大评估范畴包括能耗控制、健康宜居、项目绿色管理、绿色建筑材料、污染控制、用地与环境生态、废物处理、绿色交通和水资源利用。新版标准中还开发了三个新的 BREEAM 指标，即循环利用、人员健康和全生命周期碳排放。

认证流程包括五个步骤：寻找有执照的评估员；注册项目；进行评估；对评估进行质量保证检查；获得认证。评级范围从不通过（<30）到合格（≥30，一星）、良好（≥45，二星）、非常好（≥55，三星）、优秀（≥70，四星）到杰出（≥85，五星）。评价由独立的特许评估员进行，要求评估员具有资格和许可，以确保评估符合 BREEAM 的质量和性能标准。然后，评估将接受经认可的第三方独立和公正认证机构 BRE Global Ltd 的质量审核。BRE Global Ltd 已获得英国认证委员会（UKAS）的 BS EN ISO/IEC 17065：2012 认证——运营产品认证体系的机构的一般要求，以提供与环境绩效评估相关的认证活动，包括对总体规划、新的基础设施与建筑、使用中的建筑物、翻新建筑物等项目类型的认证。

2.DGNB 可持续建筑认证标准

DGNB 是 Deutsche Gütesiegel für Nachhaltiges Bauen（德国可持续建筑认证标准）的缩写，同时也是 Deutsche Gesellschaft für Nachhaltiges Bauene.V.（德国可持续建筑委员会）的缩写。DGNB 是德国可持续建筑委员会与德国政府共同开发编制的。德国可持续建筑委员会于 2007 年成立，目前是欧洲最大的可持续建筑网络，全球排名第二，拥有 2 300 多个成员组织。作为非营利性组织，其首要目标是积极推动建筑和房地产行业的转型，促进对可持续建筑需求的理解，并将其锚定在公众的意识中，致力于打造久经考验的优质建筑、宜居地区和可持续的建筑环境。

与 LEED 和 BREEAM 等国际上采用的标准相比，DGNB 属于第二代绿色建筑评估体系，该体系克服了第一代绿色建筑标准主要强调生态等技术因素的局限性，强调从可持续性的三个基本维度（生态、经济和社会）出发，在强调减少对环境和资源的压力的同时，发展适合用户的以服务为导向的指标体系，更好地指导建筑项目的规划设计，塑造更好的人居环境。

DGNB 与其他认证系统的本质区别在其命名中已经有所体现。国际通用的认证系统中对建筑的表述为“绿色建筑”，而 DGNB 则称其为“可持续建筑”。“绿色”的概念与能源效率及环境紧密相连，是可持续建筑的一部分。相比于未考虑经济因素，或将其影响划归于次要因素的其他认证系统，例如 LEED 系统偏重于能源相关问题，DGNB 有明确不同的理解。DGNB 体系基于生态、经济和社会文化这三个可持续性领域，在评估中这三个领域的权重相等，强调三者统一。具体地，建筑应当按照以下标准设计和建造：建造和运营都注重对环境的影响和对资源的充分利用；有经济价值，长期运营成本较低，从投资者角度尽可能降低投资风险；以人为本，注重使用者的健康及舒适性，提高居住质量，从而延长建筑寿命；充分考虑气候和文化因素，尽可能提出最适合当地建筑文化的解决方案。

DGNB 体系通过整体方法评估技术和质量，为不同的空间量身定制认证方案，包含新建建筑、既有建筑、翻新建筑等，基本覆盖现代城市主要建筑物。该体系具有六大核心要素，它们构成了认证条款的整体架构，分别是：环境质量（Environmental Quality，ENV）；经济质量（Economic Quality，ECO）；社会文化及功能质量（Social cultural and Functional Quality，SOC）；技术质量（Technical Quality，TEC）；建设过程质量（Process Quality，PRO）；区位质量（Site Quality，SITE）。每个核心要素互相关联，互相之间达成平衡，不会因为某一方面的优秀而忽略其他要素。

由于每个地区的建筑、施工标准互不相同，DGNB 因地制宜推出了德国本土版本、国家版本、各地本地化版本，使自身能够适应技术和社会发展的变化，特别是考虑到了不同国家在气候条件、法律制度、建筑管理等方面的规定。以我国为例，DGNB 开发了针对我国法规条件的适应版本，在我国通过认证的项目都是根据这个适应版本进行的评估。通过与其他国家的非营利性和非政府组织进行合作，DGNB 使自身能够应对世界上不同区域的多样性要求。目前，DGNB 已经与全球各个洲的国家和地区建立了一系列的合作组织。

DGNB 的认证流程包括六个步骤：认证委托；项目注册；设计指导；设计审查；递交申请；颁发证书。在认证过程中，始终考虑项目的整个生命周期，不单独衡量某一指标，而是评估项目的总体绩效。整个认证过程就是对满足各个指标条款要求的情况进行分别考查，根据满足所定义指标条款要求的情况，建筑物会被授予铜奖（满足程度达到 35%）、银奖（满足程度达到 50%）、金奖（满足程度达到 65%）和铂金奖（满足程度达到 80%）。

2.1.4　亚洲地区健康住宅评价标准

亚洲地区因为经济发展起步晚，健康住宅理念发展缓慢，故目前的健康住宅评价标准的规模以及普及程度都远不及欧美地区。亚洲地区健康住宅发展较好的国家以中国与日本为主，日本作为亚洲的发达国家，其主张的健康住宅评价标准在亚洲地区较为完备，也为我国的健康住宅发展提供了参考。

在可持续发展观的大潮流背景下，2001 年 4 月，日本国内由产（企业）、政（政府）、学（学者）联合成立了建筑物综合环境评价研究委员会，并合作开展了项目研究，最终开发出建筑环境效益综合评价系统——CASBEE。CASBEE（Comprehensive Assessment System for Built Environment Efficiency）是一种评估建筑物及其周围环境性能的方法。CASBEE 更新升级极快，截至 2014 年 4 月，已有 350 座以上的建筑获得认证。但是，与 BREEAM 和 LEED 相比，在日本以外的地区 CASBEE 的发展速度明显滞后。

CASBEE 体系于 2002 年发布办公建筑手册以来，又推出了多个适用空间手册，包含 2003 年 CASBEE 新建建筑物手册、2004 年 CASBEE 既有建筑物手册、2005 年 CASBEE 改造建筑物手册、2006 年 CASBEE 街区建设手册、2007 年 CASBEE 住宅手册等。截至目前，CASBEE 体系形成了以既有建筑、改建建筑、新建独立住宅为主的多个不同目标的评价标准。

CASBEE 体系从“环境效率”（BEE）定义出发进行评价，试图评价建筑物在限定的环境性能下，通过一定措施降低环境负荷的效果。具体地，该体系分为建筑环境性能质量（Q）与建筑环境负荷（LR）两个方向。建筑环境性能质量包括室内环境、服务性能和室外环境三个方面。建筑环境负荷包括能源、资源材料和建筑用地外环境三个方面。

以 CASBEE 住宅手册为例，其中建筑环境性能质量的加分项为：Q1，让室内环境舒适、健康、放心；Q2，长时间的连续使用；Q3，让建筑布局与生态环境变得丰富多彩。建筑环境负荷的加分项为：LR1，珍惜使用能源和水；LR2，珍惜使用资源、减少垃圾；LR3，考虑地球、地域和周边环境。符合上述评分条件的则是 CASBEE 体系下的好住宅。

CASBEE 体系的评分标准为 5 分制：符合最低标准，评分为 1；达到平均水平，评分为 3；然后再根据权重系数对各项的评分加总求和。建筑环境性能质量（Q）与建筑环境负荷（LR）的比值（BEE）越大，则表明建筑性能越好，同时对环境的不良影响越小。根据 BEE 数值和 Q 值的大小，将建筑分为五个等级，根据优劣依次为极佳（S）、优（A）、良（B+）、较差（B−）、差（C）。

2.2 独具特色：我国健康住宅的源起与推进

2.2.1 我国健康住宅二十年

自 1999 年底，国家住宅与居住环境工程技术研究中心（以下简称“国家住宅工程中心”）联合建筑学、生理学、卫生学、社会学和心理学等方面的专家就“居住与健康”问题开展研究，面向不同经济承担能力的大众，共同开展多学科、跨部门的开放性研究，并将国际的先进技术引入国内。二十年来，我国相继发布了独具特色的研究成果，并开展了以住宅小区为载体的健康住宅建设试点工作，以检验和转化健康住宅研究成果，这些研究与实践受到了社会各界的深切关注和高度评价。

具体而言，我国持续开展了多项健康住宅相关研究，例如 2008 年国家自然科学基金资助项目“居住建设健康影响规律及评估研究”，2023 年国家“十四五”重点研发计划项目“健康住区环境监测评价和保障关键技术研究与示范”等；出版了一些健康住宅普及读物，以促进健康生活理念的传播，引导人们主动形成健康行为模式，例如《居住与健康》《中国健康住宅 20 年》《健康住宅解析》等；为促进健康住宅理论研究和实践落地，从 2004 年至 2023 年底，我国已成功举办了十四届健康住宅理论与实践论坛；以住宅小区为载体的健康住宅建设试点工作自 2002 年启动，以检验和转化健康住宅研究成果。截至 2022 年底，已在全国建设的健康住宅创新实践项目及 HiH 健康标识（住宅）项目的面积近 6 000 万平方米。与此同时，近二十年中，我国相继发布了一系列健康建筑（住宅）标准等相关成果（表 2.5）。针对健康住宅发展的实际需求，我国以问题为导向将技术路径分解为可控制、可实施两种，重新构建建筑环境的规划、建设与运管体系，当前已建立了覆盖工程建设全过程的健康住宅标准体系及配套工具软件，形成了标准带动工程建设的良好局面，为支撑我国健康住宅快速有序发展提供了重要的技术保障。

表 2.5 我国健康住宅相关标准

年份	标准名称	备注
2001 年	《健康住宅建设技术要点》	
2002 年	《健康住宅建设技术要点》	2002 修订版
2004 年	《健康住宅建设技术要点》	2004 修订版
2004 年	《健康住宅建设应用技术》	2004 年试行版

续表

年份	标准名称	备注
2005 年	《健康住宅建设技术规程》	CECS 179—2005
2009 年	《健康住宅建设技术规程》	CECS 179—2009
2013 年	《住宅健康性能评价体系》	
2016 年	《住宅健康性能评价标准》	征求意见稿
2016 年	《健康建筑评价标准》	T/ASC 02—2016
2017 年	《健康住宅评价标准》	T/CECS 462—2017
2020 年	《既有住区健康改造评价标准》	T/CSUS 08—2020
2021 年	《健康建筑评价标准》	T/ASC 02—2021
2023 年	《健康建筑设计标准》	T/ASC 37—2023
2023 年	《健康养老建筑评价标准》	T/CECS 1286—2023
2023 年	《健康住宅建设技术规程》	CECS 179—2023
2024 年	《健康住宅评价标准》	T/CECS 462—2024

纵观二十年来我国相继发布的诸多标准，可以发现健康住宅的标准从强调建设的技术要点和技术规程，发展到既重视建设又重视后评估的评价体系和评价标准。其中，2001 年到 2009 年，我国推出的标准是从技术的角度规范健康住宅的建设，具体包括《健康住宅建设技术要点》《健康住宅建设技术规程》等。技术要点与规程从居住环境的健康性和社会环境的健康性两大方面规范了建造技术如何提升住宅的健康性能。2013 年和 2016 年，我国分别推出了《住宅健康性能评价体系》和《住宅健康性能评价标准》，从室内环境和室外环境两个方面对住宅健康性能指标进行了梳理，明确了住宅设计和运营中涉及的健康性能指标及其技术措施。直到 2016 年，我国推出了《健康建筑评价标准》，并在 2017 年，正式发布《健康住宅评价标准》，指导健康住宅的建设、运行与认证，此标准是我国在首部以健康建筑为题的标准发布后第一次发布的住宅场景下的健康标准，不仅包含建设过程中的技术要求，还建立起了从建设到运行全过程的评估体系。在此之后，我国结合实践经验，在首部健康住宅评价标准的基础上进行修订，于 2024 年出台了新版《健康住宅评价标准》，从空间舒适、空气清新、用水卫生、环境安静、光照良好、健康促进六个方面评估住宅的健康性能。同时，我国也发布了《既有住区健康改造评价标准》《健康养老建筑评价标准》等细化到某一类具体住宅项目的评价标准，全方位构建起我国健康住宅的评价体系。

2.2.2 我国健康住宅评价标准

1. 健康住宅评价标准的关注点

健康住宅评价标准的关注重点是居住者的健康体验。通过分析健康住宅试点建设工程的调查成果、国内外众多研究成果和较高的集中度，可以看出关于居住健康，以下现象为普遍关注的重点。

现象一，关于热舒适度。人们非常重视室内的温度、湿度和体表风速等热湿环境指标，但由于这些指标的确定与居住者的主观感受密切相关，所以一般只能给出用于设计控制的目标值，却不能形成统一的感知指标，也无法形成一致的评价指标。

现象二，关于细颗粒物 PM2.5。作为全球的新闻热点，人们对室内空气质量给予了空前的关注。将交通等环境噪声影响与提升室内空气品质结合起来，形成了一个巨大的新风产品市场，一些开发企业也相继开发出了可实现恒温恒湿和清新空气的住宅。

现象三，关于给水排水卫生安全。人们对水质安全的关注造就了桶装水、直饮水和净水设备的庞大市场。但人们把卫生间返臭味和厨房串味等现象归结为“住宅通病”，从而忽视了排水系统的卫生安全及其带来的严重的健康损害问题。另外，中水入户使用的安全问题还没有引起管理者的足够重视。

现象四，关于噪声。噪声不仅来源于交通、施工等室外环境，还包括建筑供水设施或变电设备的低频振动噪声、卫生间排水系统噪声、冰箱或水池循环泵的噪声等。许多研究表明，持续噪声，尤其是持续性的低频噪声的健康损害远远高于室外非连续的短暂噪声，如雨水管噪声。

现象五，关于天然采光。无论是设计师还是购房者，对住宅日照时数总是关注的，因为这是政府强制要求的。调查显示，人们往往忽视天然采光质量与人工照明质量，尤其是儿童照明质量和老年人照明安全。

现象六，关于户型。人们对得房率的关注远远超过了对空间安全、空间尺度、空间私密性及户外交往空间的关注，造成了公共空间健康要求的缺失，“自扫门前雪”的邻里现象普遍。

这些现象说明，目前社会公众对健康的关注还停留在维持健康这个基本层面上。事实上，住有所居指导下的住宅产品还不能完全满足健康维持的基本需求。而从国际发展的趋势而言，健康促进才是追求的目标，包括城市、乡村、社区和建筑等层面。而在社区层面，邻里交往与主动交往环境，健身设施与促进健身环境，医疗卫生与住宅养老环境，住区公共食堂与营养膳食指导，社区种植支持与农业教育，食品溯源与食品安全，以及与居住者一起开展的健康创新等，对于促进健康的意义重大，将会成为健康住宅的重要方面。在住有宜居的新供求关系阶段，健康住宅的探索与评价体系的构建成为满足人们居住需求的重要途径。

2. 健康住宅评价标准的内容

《健康住宅评价标准》从居住健康需求层次理论角度出发，将住宅的健康性能归类为六大指标：空间舒适、空气清新、用水卫生、环境安静、光照良好、健康促进。评价指标更加直接简明地反映了居住者的居住痛点，指标不仅包括系统的技术指标和单个的技术要求，还包括居住者能够直接体验的健康问题；以人们对健康的关注度和敏感度，清晰地揭示出居住环境提升人体健康水平的途径，以便于使用者清楚地认识、理解，进而转化为自我的健康行动，包括居住环境改善和生活方式改变。

（1）空间舒适。

符合人体工学的宜居舒适空间设计，提供生理和心理的健康空间。

在"空间尺度"方面，指标包括空间净高、净宽与进深，窗外视野，入口与储藏空间等。对于窗前视野，住宅外窗除具有采光和通风功能外，还具有内外联系、环境感知、节律调节的作用，因此在健康住宅设计与建设时，应考虑在室内或阳台上实现自然景观的视觉可达，且视线范围内应尽量避免或减少令人不适的景观的存在。

在"空间安全"方面，住宅的卫生间是意外滑倒、急性心脑血管疾病等突发性事件的高发区，所以在健康住宅建设中需特别关注卫生间的安全问题。卫生间的空间布局、通风换气、地面防滑系数、门的开启方向等均为事关卫生间安全的关键因素。如洗浴、如厕等空间不采用内开门，避免门被使用者阻挡或开启时伤及使用者；需要提高洗浴空间的地面防滑性能，降低浴缸的迈入高度，防止跌倒；靠近卧室布置卫生间，提高使用的便捷性等。

在"空间私密"方面，对平面布局、楼栋间距、相邻住宅间距等做出了具体规定。考虑到首层住户的私密性，2024 版标准新增了对首层住宅主要居室外窗与车行道或室外人行道的距离的规定，要求设置视线隔离措施。此外，标准还对套内卫生间提出了功能分区的要求，需要具备前室分区和多个可同时使用的功能分区，从而提升使用的便捷性和舒适度。住宅私密性保护也是保障使用者心理健康所必不可少的要素。

“设施设备”对居住安全的影响无时不在。为缩短眼睛对明暗的适应时间，避免在黑暗环境中寻找照明开关可能引起的伤害，应合理设置开关位置和开关高度。老年人弯腰过度或快速站起可能会对身体造成损害，如大脑供血不足引起的“头昏眼花”。因此，插座高度还要充分考虑老年人对插座使用的舒适性和安全性的要求。

空间舒适的重要主观感觉还受“热湿环境”影响。研究成果表明，室内过低的温度和过大的温差对身体健康影响较大。如卫生间的热湿环境对于舒适的洗浴和老年人的健康非常重要。过冷、过热的环境或与其他居室温差太大，容易造成风寒、风热等不适症状。因此，要求卫生间设置局部热湿环境调节设施。

自古以来，人们为了营造热湿适宜的环境，采用了加强屋面和墙面通风、建筑遮阳、提高围护结构气密性、降低围护结构热传导性能等措施。其中，值得重视的是，结合建筑立面设置移动外遮阳，在天然采光、自然通风、窗前视野、调节门窗透风能力、保护隐私和安全防范等健康需求上取得更好的平衡效益，有效增强居住者的舒适感和安全感。

（2）空气清新。

营造最优质的室内空气环境，降低居住者的健康暴露风险。2021 年，世界卫生组织（WHO）发布的新版《世卫组织全球空气质量指南》指出，空气污染是人类健康面临的最大环境威胁之一，应通过降低主要空气污染物的水平来保护人类健康并挽救数百万人的生命。空气是人类赖以生存的必要物质，人的一生中有 70%~90% 的时间是在室内度过，室内空气质量的优劣直接决定了生活品质。现代医学研究表明，呼吸自然新鲜的空气能促进血液循环、增强免疫能力、消除疲劳、提高人体的神经系统功能，提高工作效率。反之，长时间处于空气不新鲜的室内环境中，则容易导致呼吸道疾病、支气管系统疾病、慢性肺病等各种疾病，严重影响人们的身心健康。因此，在健康住宅建设中，空气清新应作为影响居住环境品质的重要指标。为达到空气清新这一目标，健康住宅要对设计前期的室内空气质量模拟预测、建设中期室内污染源控制、建成环境的通风换气措施和室内空气质量监测进行全方位管控。

值得一提的是，标准对居住建筑的门厅、电梯、走廊等公共区域的控烟提出了严格的要求，这些区域是老年人和儿童活动频繁的地方，也是目前国家控烟政策的盲区。另外，高层住宅设备系统等比例实验表明，采取基于厨房排水系统的厨余垃圾处理技术和与每层卫生间通气管相连的专用通气立管系统对于解决厨卫空间的异味问题非常有效;卫生间排水立管系统内压力不超过 ±400 Pa 时,排水系统水封一般不会被破坏。事实上,排水设施水封性能的好坏直接影响室内空气质量。日本根据排水器具中的地漏水封最容易被破坏的特点,不仅将地漏水封深度设置为 50~100 mm,而且还通过加大水封容积、采取水封补水等避免地漏干涸的措施防止臭味溢出。另外,毛发粘连、胶圈龟裂等会影响机械密封地漏的密封效果,所以标准提出了不得使用不带水封的机械式密封地漏的控制性要求。

(3)用水卫生。

加强给水排水系统管控,保障居住者用水安全与健康。有关机构对我国饮用水卫生状况调查的结果显示,目前我国部分地区的饮用水存在化学性污染与生物性污染。虽然调查显示大部分饮用水污染以生物性污染为主,但饮用水的化学性污染对人体健康的危害较严重。我国基本采用二次供水的供水方式,由于管道连接、管材选用、使用年限、疏于管理等原因,该供水方式易造成二次污染。解决此类问题,除二次供水应采用闭式系统、饮用水管道应采用工业化预制生产外,还需要加强供水系统各环节的监测与管控,保证出水水质卫生,降低此环节潜在的健康风险。

所以,“用水卫生”指标包括给水水质卫生、给水排水系统、非传统水源三个层面,确保用水终端有安全可靠和健康的水环境。需要专门提出的是,现实生活中,中水误接误用的现象时有发生,因此,标准不提倡中水入户使用。另外,生活热水系统在加热过程中,会因余氯的挥发而导致杀菌能力的降低或消失,进而会滋生军团菌等细菌,致使生活热水达不到指标要求。所以,在集中生活热水系统中,标准要求设置灭菌装置,控制热水供应的最低温度。

(4)环境安静。

消除噪声压力刺激,提高睡眠品质和工作效率。噪声污染长期以来影响人们的生理和心理健康,居室噪声污染主要影响人的大脑、情绪、生理节律等。相关研究显示:长期的噪声污染可能导致失眠多梦、头痛恶心、听力下降、心慌乏力、压力激增、记忆力减退等症状,更严重的情况可能会提高高血压、心脏病等疾病的发病率。世界卫生组织的研究指出:在持续噪声污染影响下,由于孕妇精神紧张等原因,新生儿出现出生缺陷和先天性疾病的可能性增大。低噪声影响的室内声环境是健康住宅的基本规定,需在项目前期建立声规划方案,以实现从建设选址、规划设计、施工安装到建筑运行的全周期噪声污染源控制。因此，“环境安静”除了对建筑室内外声环境进行评价外，重点评价围护结构隔声、分户隔声和设备隔声等室内声环境保障措施的有效性。

（5）光照良好。

实现人与自然的交互沟通，保障健康的生理节律。在传统住宅设计及建造中，设计师对住宅日照指标的关注度很高，然而，对该指标的高关注度，反而会削弱人们对健康光环境中同等重要的天然采光性能和人工照明性能的研究。天然采光性能旨在鼓励居住者适当地接触自然环境光，对于加强居住者室内外环境互动、生理节律调节及心理环境改善可起到积极的作用。天然采光还可强化邻里交往环境的营造，宽敞明亮的环境也会降低压迫感和不安感，使人感到舒适放松，提高空间使用率。人工照明性能对于营造健康的室内光环境同等重要，不适宜的照度设置会造成人眼在适应过程中的短暂视觉能力降低，频繁的明暗适应还会导致视觉疲劳，而人工光源的色温显色性等指标也会直接影响使用者的生理及心理健康，不适宜的人工光源可能会造成使用者不同程度的视力损伤或其他身体危害。

（6）健康促进。

引导居住者健康行为模式的形成，实现建筑功能提升。影响人们身体或心理健康的因素很多，除遗传基因及生命周期自然规律等无法改变的因素外，环境影响、生活行为、文化心理等因素对人们的健康影响最大。因此，怎样的环境、行为和心理是健康的，以及如何鼓励和引导人们以健康的方式生活，已成为健康促进的探索方向和主要目标。

“健康促进”包括“增进交往”“促进健身”“卫生保障”“健康服务”和“健康创新”5个方面，设计了32项指标，是6个一级指标中评价指标最多的体系，也是权重系数最大的体系。2024版标准相较2017版标准在该一级指标下的评价指标有所增加，且权重系数有所增大，体现了“健康促进”在健康住宅评价体系中的重要性得到进一步提升。

其中，交往层级与交往设施、交往空间与空间共享、住宅架空层、全龄化活动场地与公共交往活动设施、绿化环境是“增进交往”的基础条件。公共交往空间既方便居民生活，又引入了城市活力，为人们提供了较好的缓冲区。结合组团、楼栋或单元人口设置的具备公共交往功能的空间，既可满足住户交往需求，又能优化单元人口空间品质，提高居住的安全与舒适体验。标准对老年人与儿童的活动场地提出了细致的评价要求。一方面，我国儿童大部分是由老年人居家看护照顾，儿童身体机能较弱，容易发生危险。另一方面，随着年龄的增长，老年人心理上会产生失落感和孤独感，照顾小孩、加强老年人和孩子的交流可以有效减轻老年人的不利心理影响。

健身体系是实现主动健康的一个重要组成部分，适宜的体育健身设施配置和便捷的可达性可吸引居民驻足、参与，增强居民的健身意愿，促进居民形成健身习惯。因此，“促进健身”对场所距离与健身器具，步行系统、楼梯环境和慢跑道，以及健身服务等提出了评价要求。

“健康服务”的内容会随着人们的生活水平的提高和健康需求的增长而不断丰富。现行的标准已经对公共食堂与营养膳食、家政服务配套设施、健康教育与居家健康服务平台等提出了评价要求，以确保健康服务能够全方位、高质量地满足人们的健康需求。

值得一提的是，在“健康促进”中还专门设置了“健康创新”评价。随着技术经济水平的提高，人们对健康的影响因素的认识会更加深入，健康促进技术也会不断地通过相关新技术、新工艺和新材料的应用获得进展。因此，要通过评价与认证手段，鼓励人们为健康而创新，不断提高居住环境的健康效益。

3. 健康住宅的认证要求

《健康住宅评价标准》规定健康住宅的评价以小区、组团、单栋住宅和单套住宅为评价对象，评价组团时，凡涉及与小区相关的系统性、整体性指标，应基于该组团所属小区的总体指标进行评价。健康住宅的评价分为设计评价和运行评价，各自针对设计方案和运营一年后的实际情况进行评价。评价涉及六大指标：空间舒适、空气清新、用水卫生、环境安静、光照良好、健康促进，此六大指标每一项都分为控制项和评分项，其中控制项为必须达到的指标，评定结果为满足或不满足，评分项的评定结果为分值，满足控制项才可以按照评分项进行打分，健康住宅按满足评分项的总得分确定等级。除了对六类指标加权求和后总得分的要求外，2024 版标准还要求六类指标中各类评分项总得分均大于 40 分，体现了健康住宅应该是全方位的健康。当健康住宅评价 6 类指标中各类评分项总得分均大于 40 分，且当健康住宅总得分分别达到 50 分、60 分、80 分时，健康住宅等级分别为银级、金级、铂金级。

2019 年起，国家住宅工程中心和国家住宅科技产业技术创新战略联盟联合启动 HiH 健康标识（住宅）评价工作，该工作依据《健康住宅评价标准》（T/CECS 462—2017），针对住宅项目中采用不同层级的技术、系统进行评价，旨在提升住宅健康性能。HiH 健康标识（住宅）评价模式包括“全项级”“专项级”和“单项创新级”。“全项级”指按照《健康住宅评价标准》中全部六章的指标体系进行评价；“专项级”按照六个指标体系中至少一个指标体系进行评价；“单项创新级”按照标准中的某一评分项、加分项，或对标准未涵盖的、对人居环境健康性能起到促进作用的创新技术应用进行评价。截至2020年12月31日，全国已有41个项目分别获得“全项级”或“专项级”的HiH健康标识（住宅），我国健康住宅理念与技术的推广速度得到进一步提升。

2.2.3 健康住宅发展多样化

经过二十多年的探索，我国在健康住宅领域已获得一些研究成果。通过分析我国与其他国家在该领域的发展差异，可以发现，虽然相比美国、英国、日本等发达国家，我国在健康住宅领域的研究起步较晚，但发展迅速，且由于现实背景和居住者需求的区别呈现出地域性的特点，相关标准评价指标的设置也说明了我国对居住者健康行为模式的形成十分重视。对比各国健康住宅发展背景与发展阶段，可以看到，匹配我国发展实际，适应新形势的健康住宅标准体系的打造成为行业发展的必然需求。

1. 健康住宅发展背景不同

在全球范围内，各国对健康住宅的关注和研究是在不同的历史背景下产生的。在发展时间和国际影响上，美国、日本和欧洲的健康住宅体系发展相对较早，已经形成了较为成熟的理念和标准。一些较早出现的、公信力和影响力较大的标准如美国的WELL标准、英国的BREEAM标准，对其他国家的评价体系有很大的影响，甚至德国DGNB标准开发了针对我国法规条件的适应版本。而中国的健康住宅体系的建设起步较晚，目前的适用范围还是在国内，但二十多年来发展迅速、逐渐完善，已经更新换代了多个版本。美国、日本、欧洲国家和中国的健康住宅的发展受到各自的文化、科技、社会、能源危机、环境问题和人们对健康生活的需求等因素的影响，呈现出多样化的特点。

北美地区健康住宅的发展受能源危机影响较大，第二次世界大战之后到1973年能源危机之前，美国和加拿大很少注意能源使用问题。20世纪70年代，世界石油危机爆发，引发了“节能建筑”热潮，太阳能、地热、风能等领域的各种建筑节能技术应运而生。这一时期，美国建筑师保罗·索勒瑞提出了生态建筑的新理念，为绿色建筑的先行者。美国政府出台了一系列相关政策法规，如1975年颁布的《能源政策与节约法案》，旨在应对能源危机，同时鼓励新旧建筑物通过美国绿色建筑委员会（USGBC）“绿色能源与环境设计先锋”（LEED）认证，从而增强设计和施工的环境友好性和居民健康性。加拿大政府则在开发节能住宅技术的基础上，逐步加强评估建筑设计、生产、安装节能通风设备等方面健康性能的研究，出台了 Super E™ 健康住宅技术规范。

欧洲国家健康住宅的发展进程主要受到工业化和城市化进程、公共卫生观念兴起和环保意识增强等历史背景的影响。19 世纪的工业革命带来了大规模的城市化，城市人口急剧增加，居住条件恶化，公共卫生问题凸显，这促使人们开始关注居住环境对健康的影响。19 世纪末到 20 世纪初，西方国家逐渐形成了有关“社会改善”的两方面共识：一是为了保证人口增长，从公共卫生的角度，以慈善和立法的方式治理贫民窟等“无用的”社会底层的居住条件；二是为了工业发展，出于保护劳动力，提升“有用的”工人阶级的住宅卫生条件。同时随着人们对环境保护的重视，统一的环境标志实施，包括住宅在内的环保产品都须经过专项认证，以减少对环境的影响。

日本健康住宅的发展受社会因素影响较大。20 世纪 80 年代末，日本医疗卫生机构的一项调查揭示出，日本大约有 30% 的住宅因为使用有害的化学物质而易引发人群的“新居综合征”。同时日本老龄化严重，是老龄化程度最高的国家之一。随着日本人口老龄化的加剧，对适合老年人居住的健康住宅的需求也日益增长。健康住宅体系注重无障碍设计、安全防护以及医疗保健服务提供等，以满足老年人的特殊需求。

中国健康住宅的发展受到人民需求变化、相关事件推动、国外经验等因素影响。随着社会发展和生活水平的提高，人们对居住环境的要求逐渐从“有无”向“好坏”转变，越来越关注居住环境与自身健康的关系，对美好生活有了更高的追求。特别是经历了一些公共卫生事件后，如“非典”和“新冠”，人们更加意识到居住环境在预防疾病传播方面的重要性，对住宅的健康性能提出了更高的要求。2015 年清华大学发布的室内 PM2.5 污染公益调研报告引发了全社会对空气污染的空前关注，让人们更加重视室内空气质量。这些使民众对与健康的相关解决方案和产品技术的接受度和认可度提高，净水器、空气净化器以及新风系统等逐渐成为住宅标配，为健康住宅的发展奠定了产业基础。在这样的背景下，中国开始了居住健康的相关研究，以国家住宅工程中心为代表的机构，共同开展多学科、跨部门的开放性研究，并将国际上的先进技术引入国内。而国外健康建筑标准和理念的引入为中国健康住宅体系的发展提供了理论参考和借鉴，推动了国内相关标准的制定和完善。

2. 健康住宅评价标准对比

在全球范围内，各国对健康住宅展开了探索，并形成了一些相关的评价标准，内容上多少会有一些差异，主要表现在各个评价体系选取的大类指标上（表 2.6）。通过对各国评价体系的指标对比，可以看出各个国家或地区因自身经济发展程度、技术水平的不同，评价体系表现出了独特的地域性。尽管各自体系的构成略有差异，但总体而言，国内外对健康住宅的评价或认证都充分考虑到影响居住者健康的物理因素，如空气、水、光照、声环境、温（湿）度等，部分评价标准则已经从产品延伸至居住环境和社区服务，健康住宅除了要满足上述物理条件外，还应在社区、精神等层面上促进居住者形成健康的生活方式。对于材料和资源、能源，各个体系都拥有相关指标，这是因为基本初衷都是节约资源，减少能耗。我国《健康住宅评价标准》将健康促进单独列为一项大类指标，是六个一级指标中评价指标最多的体系，也是权重系数最大的体系，这是独具特色的一点，也说明了我国对居住者健康行为模式的形成十分重视。从评价对象来看，国外部分评价体系主要面向对象包含住宅建筑、办公建筑、商业建筑等多种建筑类型，对于不同类型的建筑所采用的具体评价标准是不同的，健康住宅的评价符合住宅建筑类型。相较于其他各国针对多种建筑类型进行评价，中国的评价对象则主要针对住宅建筑类型。

表 2.6　部分国内外健康住宅评价/认证维度

主要标准	评价大类指标
世界卫生组织 “健康住宅”15 条标准	光照、温（湿）度、声音、材料、空间、空气
美国 WELL	十大体系：空气、水、营养、光线、运动、热舒适、声环境、材料、精神、社区
美国 Fitwel	七大条款：对周围社区健康的影响、减少发病和旷工、支持弱势群体的社会公平、传递幸福感、增加获得健康食品的机会、促进居住者安全、增加体力活动
美国 LEED	八大得分板块：整合过程、位置和交通、建筑的选址、水的有效利用、能源与大气环境、建材与资源、室内环境质量、区域优先
加拿大 RESET	材料标准：碳排放、总循环性、健康；运营标准：空气、水、能源、废弃物
加拿大 Super E™	屋内空气质量、健康及环保建筑材料、机械通风设备、爬行空间（架空层）、墙体结构
英国 BREEAM	能耗控制、健康宜居、项目绿色管理、绿色建筑材料、污染控制、用地与环境生态、废物处理、绿色交通和水资源利用
德国 DGNB	环境质量、经济质量、社会文化及功能质量、技术质量、建设过程质量、区位质量
日本 CASBEE	建筑环境性能质量与建筑环境负荷
中国健康住宅评价标准	六大指标：空间舒适、空气清新、用水卫生、环境安静、光照良好、健康促进

通过探寻国际健康住宅的演变，我们可以看到，从世界卫生组织的健康住宅准则到北美和欧洲各具特色的评估标准，再到亚洲不断完善的评估体系，健康住宅的理念在不同地域得到了多样化的实施与完善。其中北美地区健康住宅的相关标准最为丰富，且最具针对性，强调“健康”概念，如 WELL 健康建筑标准、Fitwel 健康建筑评价体系、RESET 室内健康标准、Super E™ 健康住宅技术规范等。另外一些地区虽然没有直接以健康住宅（建筑）为题的评价标准，但是有具有较大影响力和公信力的以绿色建筑或可持续建筑为题的评价体系，这些评价体系对人类健康与幸福的关注度很高，同样强调“健康宜居”“人员健康”“舒适性”等概念，并对人体健康产生积极影响。

通过借鉴国际经验和结合本土实际，我国相继发布了一系列健康建筑（住宅）标准等相关成果，召开了多届健康住宅理论与实践国际论坛，就“居住与健康”问题开展研究，并开展了以住宅小区为载体的健康住宅建设试点工作，依据现行标准对住宅项目进行健康性能评价，新增了多个健康住宅示范工程和 HiH 健康标识（住宅）评价项目。目前我国对健康概念非常关注，相继发布了很多政策文件和规划文本，其中不乏与健康住宅相关的内容，为健康住宅的建设和发展提供了政策上的引导和支持。在健康中国的大背景下，健康住宅能够为人们提供更加健康、安全、舒适的居住环境，引导人们形成健康生活方式，顺应了人民对美好生活的新期待。

2.3 乘势而上：健康住宅发展迈入快车道

2.3.1 健康中国战略深入推进

健康是促进社会经济发展的重要条件，是推动人类全面发展的必然选择，是国家富强与民族繁荣的重要标志，也是人们对美好生活共同追求的基础。1994 年，我国全面引入健康城市理念。国家对健康概念非常关注，提出要建设健康中国，相继发布了很多政策文件和规划文本，为健康中国的建设和发展提供政策上的引导和支持（图 2.1）。

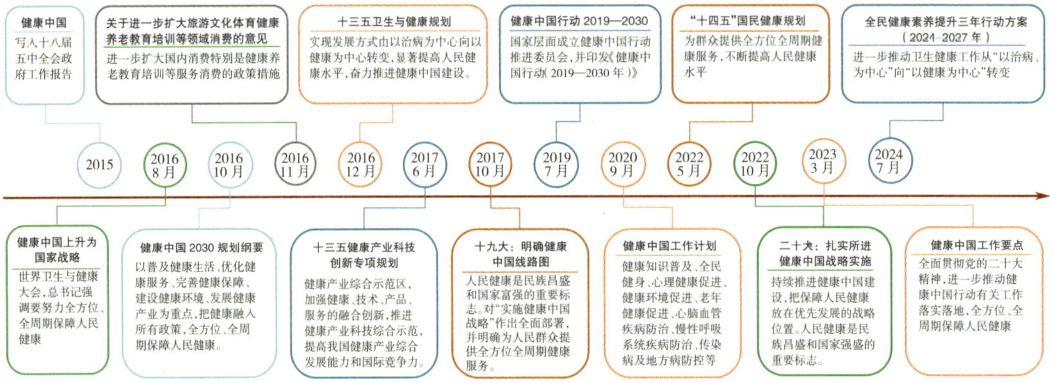

图 2.1　健康中国战略相关政策

健康中国建设开启，全面部署和确定战略目标和规划。2015 年，“健康中国”首次写入政府工作报告。同年 10 月，党的十八届五中全会明确提出了推进健康中国建设任务，从“五位一体”总体布局和“四个全面”战略布局出发，对更好保障人民健康作出了制度性安排。2016 年 8 月，党中央、国务院召开了新世纪以来第一次全国卫生与健康大会，这是新中国成立后第一次以“健康”为主题的会议，也是我国卫生与健康事业发展的重要里程碑。在世界卫生与健康大会，习近平总书记提出“努力全方位、全周期保障人民健康”。

《“健康中国 2030”规划纲要》：全面规划、擘画蓝图。2016 年，中共中央、国务院印发了《“健康中国 2030”规划纲要》，这是我国参与全球健康治理、履行对联合国“2030 可持续发展议程”承诺的重要举措。纲要以“普及健康生活、优化健康服务、完善健康保障、建设健康环境、发展健康产业”为核心内容，为推进健康中国建设进行了全面布局。建筑是 5 个重点的重要构成和影响因素，纲要更是在第五篇“建设健康环境”中，明确提出了建设健康城市和健康村镇的要求。同年，全国爱国卫生运动委员会印发《关于开展健康城市健康村镇建设的指导意见》，则是对健康城市和健康村镇的建设做出了更细致的引导。

系列政策规划与战略部署，积极推动健康消费、健康服务与健康产业等方面的转型升级。2016 年 11 月，国务院办公厅印发了《关于进一步扩大旅游文化体育健康养老教育培训等领域消费的意见》。《意见》将“健康”划入六大重点领域，引导社会资本加大投入力度，通过提升服务品质、增加服务供给，不断释放潜在消费需求。同年 12 月，国务院印发《“十三五”卫生与健康规划》，《规划》指出了“十三五”时期卫生与健康工作的工作方针和着力点，通过系列举措，实现发展方式由以治病为中心向以健康为中心转变。2017 年 1 月，卫生计生委印发《“十三五”全国健康促进与教育工作规划》，强调“大力创建健康支持性环境。全面推进卫生城市、健康城市、健康促进县（区）、健康社区（村镇）建设”。同年 6 月，科技部等 6 部门印发《十三五健康产业科技创新专项规划》，《规划》中关于健康产业综合示范区，提出要选择一批地方政府重视、政策力度大、有条件投入的地区，加强健康、技术、产品、服务的融合创新，推进健康产业科技综合示范，提高我国健康产业综合发展能力和国际竞争力。

党的十九大报告对“实施健康中国战略”做出全面部署，并明确为人民群众提供全方位全周期健康服务。2017 年 10 月，习近平总书记在十九大报告中提出“实施健康中国战略”。为了统筹推进健康中国建设工作，2019 年 7 月，国家层面成立健康中国行动推进委员会，按年度研究部署行动推进的重点任务，并协调推动各地区各相关部门工作落实。同年，卫健委印发《健康中国行动（2019—2030 年）》，涵盖健康知识普及行动、合理膳食行动、全民健身行动等多个方面。同年，国务院出台《关于实施健康中国行动的意见》，提出“鼓励企业研发生产符合健康需求的产品，增加健康产品供给，国有企业特别是中央企业要作出表率。”2020 年 9 月，健康中国行动推进委员会办公室印发《推进实施健康中国行动 2020 年工作计划》，规定了健康知识普及、全民健身、心理健康促进、健康环境促进、老年健康促进等各专项行动的重点任务。2022 年，国务院办公厅印发《“十四五”国民健康规划》，进一步强调“为群众提供全方位全周期健康服务，不断提高人民健康水平”，要“做优做强健康产业”。这一系列举措共同构成了我国健康事业发展的新蓝图，引领着全民健康水平的提升与健康产业的蓬勃发展。

党的二十大报告强调推进健康中国建设。2022 年 10 月，习近平总书记在党的二十大报告中强调，要“推进健康中国建设”，“把保障人民健康放在优先发展的战略位置，完善人民健康促进政策”。2023 年 3 月，健康中国行动推进委员会办公室印发《健康中国行动 2023 年工作要点》，要求全面贯彻党的二十大精神，进一步推动健康中国行动有关工作落实落地。2024 年，为全面系统提升全民健康素养，进一步推动卫生健康工作从“以治病为中心”向“以健康为中心”转变，国家卫生健康委、国家中医药局、国家疾控局决定联合开展“全民健康素养提升三年行动”，制定了《全民健康素养提升三年行动方案（2024—2027 年）》。展望未来，健康中国建设将持续深入推进，不断提高我国居民健康素养水平。

自健康中国战略提出以后，国家陆续出台了许多相关意见和实施方案，“健康”逐渐成为国家发展战略的重要组成，契合人民对美好健康生活的迫切需要。其中诸多政策提及“发展健康产业”“增加健康产品供给”“建设健康环境”等内容，影响了住宅产业的发展方向，为健康住宅的发展提供了宏观指导和政策支持，表明健康住宅发展进入快车道。人的一生中的90%的时间是在建筑中度过的，其中一半时间是在家里，住宅是人们生活和学习的重要场所，因此住宅环境直接影响人们的身心健康。健康住宅建设是促进人们身心健康的途径和响应健康中国战略的方式，也是行业发展的重要方向，因此必须推动健康住宅持续向前稳定发展。

2.3.2 “双碳”目标展现担当

温室气体的超负荷排放使全球气候问题日益严峻，碳减排是减缓气候变化的首要任务。随着经济发展和城镇化进程的推进，我国温室气体排放量增加显著。2030 年前碳达峰、2060 年前碳中和，是习近平总书记在 2020 年第七十五届联合国大会上做出的承诺，也是中国特色社会主义现代化强国建设目标的一个重要内容，这样一个紧迫的、积极的、有雄心、有力度的目标，既展现了中国在疫情后坚持绿色复苏、低碳转型的方向，也展现了中国在未来实现《巴黎协定》中控制全球温升不超过 2 ℃并努力低于 1.5 ℃目标的雄心和行动力，展现了保护地球生态安全的大国担当，在国际上提振了各方应对气候变化的信心和行动意愿，引领全球经济技术变革潮流。“双碳”目标倡导绿色、环保、低碳的生活方式。加快降低碳排放步伐，有利于引导绿色技术创新，提高产业和经济的全球竞争力。我国持续推进产业结构和能源结构调整，大力发展可再生能源，在沙漠、戈壁、荒漠地区加快规划建设大型风电光伏基地项目，努力推动经济发展和绿色转型同步进行。

“双碳”目标既决定了未来近 40 年国家能源政策的整体目标，同时也深刻影响了建筑行业的发展方向。建筑产业是我国国民经济的重要支柱，也是公认的高耗能产业之一。为做好建筑业节能降碳工作，我国出台了多项推动建筑业绿色低碳发展的政策举措。2012 年 4 月，财政部、住房城乡建设部印发《关于加快推动我国绿色建筑发展的实施意见》，而后，国家多部委相继出台了建筑产业绿色发展的政策文件，自上而下推动绿色建筑的发展。但在“双碳”目标下，建筑产业的节能降碳仍面临着巨大挑战。《建筑节能与可再生能源利用通用规范》（GB 55015—2021）要求，新建居住建筑和公共建筑平均设计能耗水平应在 2016 年执行的节能设计标准的基础上分别降低 30% 和 20%，碳排放强度应分别在 2016 年执行的节能设计标准的基础上平均降低 40%。该通用规范的实施,为建筑产业的绿色化低碳化发展提供了标准依据,也为行业技术的发展提供了动力。

2020 年,住房城乡建设部等 7 部门发布的《绿色建筑创建行动方案》提出,"推动超低能耗建筑、近零能耗建筑发展"。2021 年,国务院印发《关于完整准确全面贯彻新发展理念做好碳达峰碳中和工作的意见》,强调要"大力发展节能低碳建筑。持续提高新建建筑节能标准,加快推进超低能耗、近零能耗、低碳建筑规模化发展"。同年,住房城乡建设部发布的国家标准《建筑节能与可再生能源利用通用规范》指出,自 2022 年 4 月 1 日起,建筑碳排放计算作为强制要求,并明确要求"建设项目可行性研究报告、建设方案和初步设计文件应包含建筑能耗、可再生能源利用及建筑碳排放分析报告"。2022 年,住房城乡建设部印发《"十四五"建筑节能与绿色建筑发展规划》,进一步明确了我国建筑产业绿色化发展的总体目标,要求"到 2025 年,城镇新建建筑全面建成绿色建筑"。

这些政策向行业释放出明确信号,节能低碳已经成为"双碳"目标下建筑产业发展的必要前提。推进建筑业绿色发展,既是统筹发展和安全,提升人民群众幸福感、满足感的重要路径,也是顺应数字化、智能化发展趋势,培育壮大经济发展新动能的关键举措。在这样的背景下,建筑企业应该把握机遇,积极布局节能减排的新技术、新产品,以绿色发展为突破口,将绿色健康的理念融入品质人居产品的开发,只有这样才能保持企业的市场活力,实现高质量发展。

2.3.3 "好房子"理念引领住宅新未来

新中国成立后,我国主要采用住房分配的供给方式。随着经济崛起,资本投入不足导致主要城市住房严重短缺的问题同样在蹒跚起步的新中国上演,仅仅依靠社会福利难以均等覆盖到全民。20 世纪 80 年代,中国开始推行住房向商品化、市场化转变,并于 1998 年全面取消住房分配制度,彻底完成住宅商品化改革,通过市场化手段实现住房资源的合理配置,推动城镇化进程与建筑业、房地产业进步,进而为居民居住条件改善腾挪出更多空间。

2000 年以后,中国经济飞跃发展,政府提出了"住有所居"的目标,加大对低收入家庭、困难群体的住房保障力度,并大力推动住房改善政策的实施。经过二十多年的发展，住房短缺已经不再是我国的主要矛盾。共同富裕目标下，整体结构的均衡发展与高质量建设要求下生活空间的全面提升，成为稳民生的核心议题。随着从“有居”到“宜居”战略目标的深化，我国居住营造进入从数量到质量的转型关键时期。在“质量”与“数量”要求并驱的时代，提升全民居住幸福感，是一项需要多行业、多领域共同支持推进的任务。

2013 年 10 月，习近平总书记在中共中央政治局第十次集体学习时强调，“要千方百计增加住房供应，同时要把调节人民群众住房需求放在重要位置，建立健全经济、适用、环保、节约资源、安全的住房标准体系，倡导符合国情的住房消费模式”①。2016 年 12 月，中央经济工作会议首次提出“房住不炒”，2017 年至 2019 年来连续三年在重大会议和报告中提及“房住不炒”定位。同时，《中共中央关于制定国民经济和社会发展第十四个五年规划和二〇三五年远景目标的建议》在坚持“房住不炒”总基调的同时，提出了“促进住房消费健康发展”。住房回归居住属性成为行业发展的基调，推动行业在制度安排、市场供需方面进行全面变革。

过去，市场供不应求，单边上行，只要是房子就行，而在如今的国情下，人们对房子的期许不只是一个居住场所，尤其进入总体不缺房的时代后，人们对房子的要求越来越高，商品房短缺的时代已经成为历史，购房家庭从“居者有其屋”转变为“居者优其屋”。但是什么样的住宅可以称为让人们满意的“好房子”？有没有一个明确的标准体系？一直以来，不同历史时期、不同地域的人们有自己的看法和理解，关于“好房子”的标准都是非常模糊的，并不统一。2023 年，住房城乡建设部提出要建设好房子，并且陆续推出各项举措，建立健全相关标准体系，旨在以人民为中心，高质量建造好房子。

2023 年 1 月，住房城乡建设部部长倪虹在住房和城乡建设重点工作推进会中提出开创住房和城乡建设事业高质量发展新局面，“让老百姓住上更好的房子，再从好房子到好小区、好社区、好城区，进而把城市规划好、建设好、治理好，为人民群众创造高品质的生活空间”。10 月，倪虹部长在《求是》发表文章，提到“按照‘适用、经济、绿色、美观’的建筑方针，设计好、建造好、管理好房子，完善住房功能，提升居住品质，研究建立房屋体检、养老、保险制度，健全房屋全生命周期安全管理长效机制”。

2023 年 12 月，倪虹部长在全国住房城乡建设工作会议上指出“完善工程建设标准，围绕建造好房子，发布住宅项目规范，从建筑层高、电梯、隔音、绿色、智能、无障碍等

① 节选自《人民日报》《加快推进住房保障建设 不断实现人民住有所居目标》。

方面入手，提高住宅建设标准，结合‘一带一路’国外工程项目需求，推动工程建设标准‘走出去’”，建“好房子”成为 2024 年房地产政策的重点方向。会议明确以好房子为基础，推动好房子、好小区、好社区、好城区“四好”建设。“好房子”已经不仅仅指房子本身了，而是从好房子到好小区、好社区、好城区，进而上升到把城市规划好、建设好、治理好，为人民群众创造高品质的生活空间。住房城乡建设部对“好房子”的重新定义，发挥着引领作用，量化了住房技术层面的要求，适应新时代人民群众对于高品质生活住房的需求，指导、引领建设满足人民美好生活需要的居住环境，这对于提升人民群众的安全感、获得感、幸福感具有重要的意义。

2024 年 2 月，中国工程建设标准化协会组织研编的《好住房评价标准》顺利通过审查。该标准是以中国建设科技集团股份有限公司为主编单位，联合住房城乡建设领域 50 余家单位共同编制的。该标准适用于城镇新建住房和既有住房的评价，确定了好住房评价指标体系包括宜居、低碳、智慧、安全、和美等六类核心指标，下设 23 个二级指标，并且每项二级指标下按基础项、提升项设定类别。这是首部面向全国范围的好住房评价的技术指导文件，构建了“好住房”六大纬度内涵与标准体系的顶层设计，提出了“好住房”可持续性能评价指标体系，具有前瞻性。

具体来看，“好房子”建设就是要将新一代的信息技术、绿色低碳技术、新型的建造技术等新技术，以及新产品、新材料、新工艺应用到房屋建设中去，引导房地产业和建筑业，从过去注重速度、数量，转向追求高质量、新科技、好服务，使房地产业和建筑业能够真正转型发展。

“好房子”的建设是一个系统工程，需要好标准、好设计、好材料、好建造、好服务等多方面的保障，从而建成绿色、低碳、智能、安全的“好房子”。其中，绿色就是让人们住得健康，需要通过把房子设计好、建造好，包括把门窗密封好、墙体隔音做好等措施，促进人的身心健康；低碳则要求为居民省钱，也为社会节能。“好房子”要质量好、性能优、使用寿命长，而且在全生命周期使用环节上能够更加节水、节电、节气、节能，既为居民在生活当中降低成本、减少支出，又为社会节能降碳；智能，就是让居住者用得更方便，“好房子”应该成为一个不动的更大的智能终端，有很多的应用场景；安全就是通过保障房屋的本体安全、设施设备的使用安全和使用人的安全，让居民住得安心和放心。

2024 年 6 月，第 22 届中国国际城市建设博览会和第 21 届中国国际住宅产业暨建筑工业化产品与设备博览会上，展示了各地在着力打造人民满意“好房子”、幸福安全“好小区”、完整共享“好社区”、宜居韧性“好城区”方面的创新实践和优秀案例。其中,“好房子”方面,重点展示了完善住房功能、提升居住品质、新质生产力赋能好房建设的相关技术和示范样板。

在全维度品质提升之外,我国在住房的延年性与耐久性方面也做出了相应的制度安排,同时在绿色健康、智能建造、物业服务、住房保障、老旧小区改造、全龄友好及社区服务设施完善等方面,也为“好房子”建设提供了政策支持和发展指引。截至 2024 年 6 月,已有上海、重庆、广州、烟台、西安等 20 多个城市开展房屋体检、房屋养老金、房屋保险三项制度试点。按照住房城乡建设部的计划,在组织各地在保障性住房中建设一批“好房子”样板项目的同时,引导房地产开发企业在商品房开发中建设一批不同面积、不同价位的“好房子”。

第3章 健康住宅的技术支撑和发展趋势

健康住宅不仅仅是一个物理空间，更是一个融合了健康、舒适、环保、智能等多种元素的生活系统，从居住行为的主体需求出发，关注居住者的身心健康，追求人与自然的和谐共生，体现了人类对于高品质生活的追求和向往。国家住宅与居住环境工程技术研究中心编著的《健康住宅解析》中指出适应性健康居住空间应遵循以下理念：在符合居住功能和绿色发展理念的基础上，通过营造健康的绿色环境、升级智能化硬件设施与服务促进居住者生理、心理、道德和社会适应等多层次健康水平提升，最终引导居住者形成健康的行为模式，让健康促进成为社会的广泛共识。

在当前背景下，探讨健康住宅的技术支撑与发展趋势显得尤为重要，这既是对现有住宅技术的反思和升级，也是对未来住宅发展方向的预测和引领。

3.1 建造技术助推建筑健康建造

3.1.1 创新发展的建造技术

建造技术在健康住宅的规划和建设中扮演着至关重要的角色。从住宅物理因素、住宅功能完善到心理健康需求，建造技术都在不断地优化和创新，建造技术的进步一方面让更多创新型空间设计落地成为可能，同时也提供了精细化控制环境的技术条件，向节能绿色持续演进的建造技术的发展也让建筑与环境、精神领域的和谐性得以进入全新阶段，为提供更加健康、舒适和可持续的居住环境创造可能。

在住宅物理因素方面，室内物理环境作为居住环境的重要组成部分，包括光环境、声环境、空气质量、温湿度、水质量等因素，与居住者的身心健康有着紧密联系。建造技术通过采用合理的结构设计和建筑材料，确保住宅具备良好的保温隔热性能、自然采光和通风条件，以及隔声降噪功能。这些物理因素直接影响着居住者的舒适度和健康水平，需要在设计建造阶段进行以健康为中心的优化。因此，建造技术的选择和应用对于建造健康舒适的住宅环境至关重要。

在住宅空间功能方面，建造技术不仅关注住宅的基本居住功能，还注重提升住宅的舒适性、安全性和便捷性。居住空间在使用上的舒适安全便利是保证居住者身心健康的基本前提，因此，设计建造健康的室内空间需根据住户的个性化生活需求，有针对性地思考对居住空间内的功能空间数量、空间秩序、空间尺度、家具设施配置等方面的布局。健康的居住空间需做到分区明确、布置合理、紧凑适宜，进而适应人们居住生活的健康生理需求。健康住宅的安全性可以通过引入智能家居系统、智能安防系统等先进技术来提升，还可以通过在住宅入口、过道、卫生间等空间做无障碍设计来保障。以上建造技术可提升居家生活的安全性。

在心理健康需求方面，建造技术强调建筑与环境的和谐共生，以及居住者心理需求的满足。其秉持绿色建筑理念、低碳生活理念等可持续发展理念，减少建筑对环境的负面影响，提高住宅的生态价值，使其与自然环境和谐融合，实现从声、光、热等物理环境到氛围、文化、意境等心理环境的协调共赢。同时，建造技术还注重居住者的心理感受，如通过景观设计、色彩搭配等方式，营造温馨、舒适、宁静的居住环境，在保障居住者私密性的基础上营造人性化的生活场景，适应居住模式、家庭结构的动态变化，满足居住者的心理需求。

建造技术在健康住宅的规划和建设中具有不可替代的作用。它不仅影响着住宅的物理性能、功能完善程度，还关乎居住者的身心健康和心理感受。因此，我们有必要深入探讨和研究各种建造技术在健康住宅中的应用和发展趋势。

由于中国相对于一些发达国家在健康住宅领域起步较晚，不同于国外建筑设计师实行全周期责任制度，中国建筑设计施工层层分包的现象导致建筑师失权，加上健康住宅对设计配合度要求高、施工技术复杂等原因，中国市场自主发展健康住宅建造技术的难度较大。因此，中国健康住宅建造技术发展主要以政府主导为主，目前已推行的主要有被动式建筑、主动式建筑、装配式建筑三种。

3.1.2 绿色低耗的被动式建筑

2007 年 11 月 23 日国家批准了新的节能减排政策，环保节能成为全国人民关注的焦点。如何建设低碳经济、完成节能减排的目标，如何推进建筑节能成为一项重要课题。2015 年住房城乡建设部发布《被动式超低能耗绿色建筑技术导则（试行）（居住建筑）》，被动式建筑这种超低能耗绿色建筑逐渐被大众所熟知。

被动式建筑有着悠久的发展历史，反映了人类社会发展中人、建筑、气候之间的关系的发展历程。在人类文明从农耕文明、工业文明到生态文明的进化过程中，建筑作为人与气候的中介，也反映着不同生产力阶段，人与气候之间关系的演变过程——从依附、控制到尊重，经历了从朴素的被动式建筑、被动式太阳能建筑到现代的被动式建筑的演变。

被动式建筑（Passive House）是在低能耗建筑的基础上发展起来的。“被动式建筑”的概念最早由两位欧洲科学家波•阿达姆森（Bo Adamson）和沃尔夫冈•菲斯特（Wolfgang Feist）在 20 世纪 80 年代提出，1991 年在德国中部达姆斯塔特成功建造了世界上首座被动式建筑。其核心理念是提升人在住宅内的全方位健康程度，建筑师通过恰当的设计手段把建筑对能源和资源的日常消耗如空调、照明、供暖用水等的消耗降到最低。由于生活地域、气候和文化的不同，各地的节能方式和对住宅健康的需求也大相径庭。常见的被动式建筑通过使用保温性能较高的材料和传热系数较低的门窗，采用优化的建筑构造做法，使建筑具备较高的保温隔热性能，并利用清洁能源和家电设备的散热为室内提供热源，减少或不使用主动供应的能源，使建筑达到温度舒适的要求。

2009 年德国能源署在“德中同行——沈阳站”的活动中，大力宣传了“被动房”理念，“被动房”理念进入中国。2009 年至 2011 年是一个理念认知期，特别是 2010 年上海世博会建了汉堡之家，给予大众最为直观的感受，加深了大众对“被动房”的认知；2012 年至 2016 年是技术验证期，在住房城乡建设部的主导下，通过中德合作项目在严寒地区、寒冷地区、夏热冬冷地区陆续建设了一批“被动房”样板，对被动式建筑技术完成了有效积累，为被动式建筑地方标准制定提供了技术支撑；2017 年后进入了被动式建筑的快速发展期，一批地方标准陆续编制并发布，国家和地方政策给予大力支持，房地产企业开始持续发力，被动式建筑得以快速发展壮大；根据房地产行业发展趋势，预计 2030 年左右，被动式建筑将走过快速发展期，进入平稳发展阶段。

被动式建筑要达到实现健康住宅功能、营造健康环境的目的就要求建筑设计师及投资方必须在设计源头即进行深入研究，形成可行性设计、建造及运营一体化策略。被动式建筑的目的是不依赖主动式的采暖和制冷来实现室内环境的舒适性，被动式建筑的突出特点是节能、舒适、经济。实现被动式建筑的主要技术路线包括:无热桥设计与施工、高效保温系统、高效节能门窗、高效新风系统、严苛的气密性和可再生能源使用等。良好的气密性是被动式建筑的关键因素,其通过门窗材质、结构及外表皮的特殊结构来组织冷热空气的交换,避免冬季冷风渗透和夏季热辐射,依靠自然风的组织实现冬暖夏凉,减少空调设备的使用,维持住宅内利于健康的舒适温湿度环境。在严苛的气密性要求下,要维持被动式建筑室内环境参数(室内空气温度在 20 ℃ ~26 ℃、相对湿度在 35%~65%、室内二氧化碳浓度不大于 1 000 ppm),在技术上如果没有新风系统,是很难实现的。因此,配置高效的新风系统是保证被动式建筑室内环境舒适性的关键环节。

从技术路径看,被动式建筑对能源的消耗利用可以达成最优方案,节能性高,而且舒适度、耐久性好,同时在适应性与安全性方面都有突出表现。但是在现有技术体系下,被动式建筑在初始设计阶段成本与技术要求较高,为了实现良好的保温隔热性能和气密性,需要使用高质量的保温材料、高性能的门窗、特殊的密封材料等,这些材料的价格相对较高,导致建筑材料成本增加。专业的热量计算、气密性设计、新风系统设计等都要求较为严苛的施工精度与后期维护。现阶段很难在规模化大体量的普通建筑上推广。

3.1.3　以人为本的主动式建筑

主动式建筑(Active House)是一种可持续建筑评估标准,源自欧洲并在全球范围内得到认可。它是在建筑的设计、建造、运营维护的全生命周期内,提升建筑的主动感知和主动调节能力,以实现健康舒适、节约资源和保护环境的综合平衡为目标的一种建筑。相比于被动式建筑的设计和施工难度较大,需要考虑众多因素,如建筑朝向、体形、保温性能等,主动式建筑相对较容易实现,但需要依赖先进的技术设备和控制系统。主动式建筑通过精确的控制系统来调节室内环境,虽然也能提高能源效率,但通常需要依赖主动式技术设备,能耗相对被动式建筑高。但是主动式建筑的初始投资成本相对较低,相比于被动式建筑对高性能的建筑材料和施工的要求,成本低廉成为主动式建筑能够在大范围内推广的主要原因。

主动式建筑注重以人为本的核心理念,通过主动设计、主动调节来营造健康舒适的工作生活空间,以实现人的良好生活(Well-being),最大限度地发挥设计师的主观能动性。它鼓励采用自然技术手段,如地源热泵、太阳能热水等,节约资源,降低能耗,让建筑、人、自然达到和谐共生。同时,主动式建筑也关注用户行为设计,基于对人类思维习惯的研究,间接地影响其行为,帮助其形成准确的自我认知,从而使其在生活和工作中创造好的决策。

主动式建筑的研究与实践在中国起步较晚。早在 2002 年,丹麦、德国、芬兰、美国等国家的建筑设计师及暖通工程师等就提出了"主动房"的建筑理念,并在布鲁塞尔成立了主动式建筑国际联盟(Active House Alliance, AHA),开始探索和推广主动式建筑。2017 年 5 月,中国建筑学会主动式建筑学术委员会成立,主动式建筑这一概念才开始引起大家的关注。在项目实践上,丹麦哥本哈根大学的绿色灯塔教学楼(Green Lighthouse)是主动式建筑的代表作。中国第一个主动式建筑示范项目威卢克斯办公楼于 2013 年建成,该项目完全按照主动式设计理念建造,并通过了主动式建筑评估认证。2020 年 12 月,中国建筑学会发布《主动式建筑评价标准》(T/ASC 14—2020),主要以使用者利益为核心,注重空间内"人"的舒适度,将评价考核的指标确定为主动性、舒适、能源、环境四大方面(表 3.1),获得了 AHA 的认可。这一标准旨在推动中国建筑业的高质量发展,使主动式建筑的理念和技术渐渐在中国得到推广和应用,实现绿色健康和可持续发展目标。

主动式建筑设计应用主要围绕舒适、能源和环境三方面。舒适包括自然采光、热环境、室内空气质量;能源包括能源需求、能源供应、一次能源消耗;环境包括环境荷载、淡水消耗和可持续建设等。建筑利用各种主动式方式实现建筑的低能耗、环境友好的健康环境标准,不仅仅局限于建筑的设计建造,还涵盖了运营时的策略,实现建筑全生命周期的健康与节能减碳。具体来说,主动式建筑在设计策略上采用被动优先、主动优化、综合平衡的原则。它首先通过被动式设计手段,如合理的建筑朝向、自然通风、遮阳等,实现建筑的节能和舒适性;然后,通过主动式设计手段,如智能控制系统、可再生能源利用等,进一步提高建筑的能效和舒适度。在材料选择方面,主动式建筑倾向于使用环保、可再生材料,降低对环境的影响。

表 3.1 《主动式建筑评价标准》技术体系

主动性	舒适	能源	环境
主动感知	天然采光	建筑能耗	环境荷载
主动调节	室内湿热环境	建筑产能	资源节约
—	室内空气质量	—	—

3.1.4 环境友好的装配式建筑

传统的粗放式建造方式已无法适应建筑业高质量发展的要求，正面临人工成本日益增长、环境污染、水资源浪费、建筑垃圾量大等日益突出的问题。出于对适应社会发展和环保节能的考虑，许多国家都对传统建筑业提出产业转型与升级要求，推进建筑行业的第四次工业革命，因此反映建筑业发展方向的建筑工业化以及其中有代表性的装配式建筑成为行业热点。

装配式建筑因其效率高、对环境影响小，是建筑业转型升级的最佳选择。装配式建筑是将工厂生产的预制构件运输到施工现场，通过不同的连接形式进行现场安装的一种工业化建筑。它实现了建筑施工过程从工地到可控工厂环境的转移，将工业化生产和自动化的概念融入建筑，提高了建筑业的生产力、生命周期环境性能和可预测性。与传统的现浇混凝土建筑相比，装配式建筑具有很多优点，例如减轻环境负担，提高生产力，提高现场施工质量和效率。随着“双碳”目标的提出，装配式建筑的发展面临新的挑战，装配式建筑究竟是否利于住宅健康以及环境友好始终是业界争议的焦点。

装配式建筑起源于英国，大致历经了三个阶段：第一阶段，建筑工业化体系初步形成；第二阶段，注重部品构件质量；第三阶段，低碳环保，可持续发展。住房城乡建设部颁布的《“十四五”建筑业发展规划》中明确指出，到 2025 年，装配式建筑占新建建筑的比例达 30%以上；新建建筑施工现场建筑垃圾排放量控制在每万平方米 300 吨以下，建筑废弃物处理和再利用的市场机制初步形成，建设一批绿色建造示范工程。全国各地政府也实施了鼓励装配式建筑发展的政策，装配式建筑获得快速发展，部分地区提出到 2025 年装配式建筑占新建建筑面积的比例达到 30%以上、新建装配式建筑装配率不低于 50%的目标。

虽然国家对装配式建筑大力支持，但装配式建筑的发展依然存在其局限性。如相关政策与装配式建筑发展协调性不够，技术体系有待完善，管理体系不健全，前期投入高、成本增加等问题，使得装配式建筑的发展受到一定的阻碍。装配式建筑如何创造更利于自然和人类健康的居住环境，仍需要不断思考与探索，找到更加合理且双赢的路线。

2017—2022 年中国新建装配式建筑面积及占新建建筑比例如图 3.1 所示。

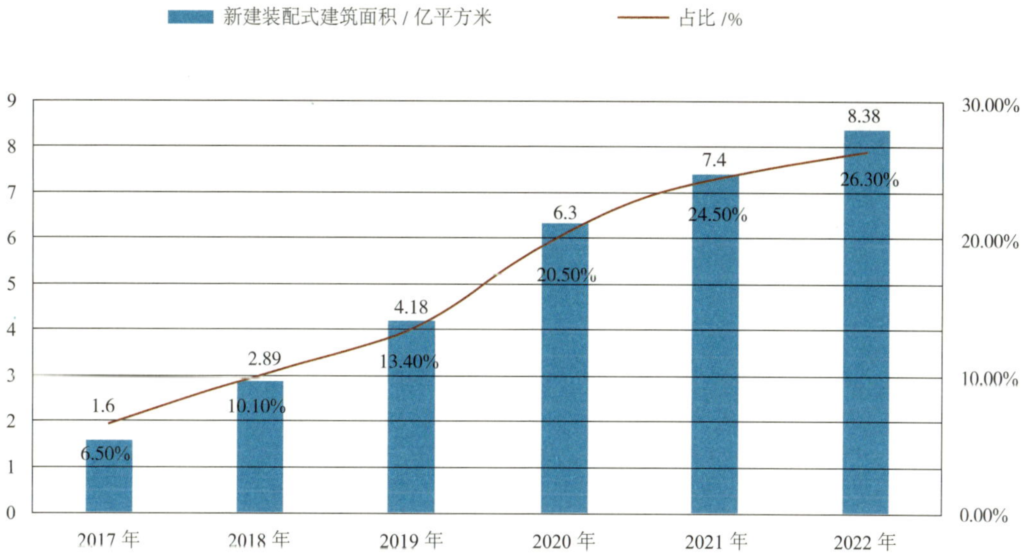

图 3.1　2017—2022 年中国新建装配式建筑面积及占新建建筑比例

其实，装配式建筑与环境友好和人的居住健康亦能殊途同归，虽然生产过程可能会增加能源消耗与污染，但从长远来看，装配式建筑更有利于制定严格的建材溯源与施工管控标准，减少污染物等，创造良好的建筑物理环境。另外，随着信息技术的快速发展，装配式建筑与数字化技术的结合，也能更好地利用信息化资源，提升建造质量，规避人工缺陷，从整体上减少资源浪费，制定更为合理的节能减排方案，从而利于环境健康。

3.2　智能化技术在健康住宅中的应用

3.2.1　智能化技术融入品质生活

在追求高品质生活的当下，健康住宅已不仅仅是一个简单的居住空间，更是集健康、舒适、便捷于一体的智能生活空间。智能化技术的应用，正是为了满足这一需求，将科技与传统住宅完美融合，为居住者带来前所未有的居住体验。在健康住宅的规划与建设中，智能化技术不仅提升了住宅的物理性能，还丰富了住宅的功能设计，为居住者提供了更加全面、个性化的健康服务。本小节将深入探讨智能化技术在健康住宅中的应用，以期为健康住宅的未来发展提供理论支持和实践指导。

智能化技术，作为现代信息技术的集大成者，已经广泛应用于各个领域。在健康住宅中，智能化技术通过集成应用计算机技术、网络技术、通信技术、控制技术等现代信息技术，实现了住宅的智能化管理、智能化服务和智能化控制。这些技术的应用，不仅提高了住宅的智能化水平，还为居住者带来了更加便捷、舒适、安全的居住体验。例如，物联网技术通过各类传感器和设备，实现住宅内部与外部环境信息的互联互通，为智能化管理和服务提供数据支持；云计算技术为住宅提供强大的数据存储和处理能力，使得居住者能够随时随地获取所需的信息和服务；大数据分析通过对住宅内部和外部环境数据的收集、分析和挖掘，为居住者提供更加精准、个性化的健康管理和服务；人工智能（AI）技术在健康住宅中的应用主要体现在智能决策、智能预测和智能推荐等方面，为居住者提供更加智能、便捷的服务。

智能化技术在健康住宅中的应用，不仅关注住宅的物理性能提升，如通过智能环境监测系统改善室内环境质量；还关注住宅功能的完善，如通过智能家居系统实现家居设备的互联互通和智能控制；更关注居住者的健康需求，如通过智能健康管理系统实时监测居住者的健康状况，并提供个性化的健康管理和服务建议。探讨智能化技术在健康住宅功能设计、家庭健康服务以及住宅小区管理等方面的应用，能更加深入地理解智能化技术在健康住宅中的重要作用，并为其在健康住宅领域的广泛应用提供理论支持和实践指导。

3.2.2 智能科技增持功能设计

经过持续的探索，智能科技住宅发展至今已初步形成“端、管、云”的整体结构，最终联通物联网云平台，形成完善的规划流程。首先通过 3D 建筑建模的形式达成住宅场景的可视化转变，再借助物联网平台的网络设备连接进行感知分析，由平台全面承载住宅社区的多维度服务运营，最后通过智能化的运营指挥 IOC 来达成各个智能子系统间的互通互联，将所有的系统、场景数据汇集一体，实现统一的指挥调度，还可在此基础上持续更新升级。

建设健康住宅需依托智能科技联通物联网来实现，由此设置相应的健康升级模块，如增设住户等级系统，借助系统的功能设置人脸识别功能，以无接触的形式塑造健康场景，并且可由此大量汇集各方面的大数据信息，包含空气、水、温湿度健康屋数据等。还可借助人工智能赋能场景构建，塑造智能化的健康场景，且此类场景具有可定义、可计算及自动开展适应性调整的前沿功能。在此基础上，可对住户的健康走向进行评估，也可专门规划健康安全管理方案，以动态的可监测的健康指标来协助系统对住户的健康实施跟踪管理，住户只需打开移动 APP、信息论坛及网站、微信公众号等即可实时获得相应的帮助及反馈，从而更好地宣传和倡导健康理念，在切实提升居民健康意识和素质的同时，有效增强整个住宅社区的管理水平。

1. AI 视频监控的健康设计

健康社区主要借助人工智能技术对视频监控系统中的视频内容进行分析，相关应用体现在以下 3 个方面。

（1）垃圾回收监控。在垃圾回收处增设定点摄像头，针对垃圾摆放不规范的行为做好语音提醒，同时对垃圾满溢及散落的情况做好实时的报警监控，在此基础上联动智能垃圾桶，打造智能化环卫系统。同时，借助人工智能健康系统来分析视频监控内容，增强对垃圾检测的分区管理，更好地实现清运调度的作用，促使住宅区域内的环境更加干净、清新、整洁。

（2）机动车违规监控。主要在住宅区域内设置禁鸣笛、超速及违停标识，防止噪声污染，维护健康声环境，对于违反规定的机动车，如违反规定占用消防通道、人行道等，需强化干预通知，并做好记录工作，为执法提供依据。

（3）高空抛物监测。高空抛物视频监视程序应选择宽动态高速摄像机，监视高空抛物线并选择合适的地点，以免侵害居住者的隐私。

（4）无接触无感测温。后疫情时代，社区防疫管控也是打造健康社区的重要指标。通过在重要出入口、重要场所设立测温专用监控摄像头，实现对进入人员的多目标跟踪、自动测温，体温超标时立即报警，推送人员、距离、方位信息，引导防疫人员精准跟进，可利用视频监控 AI 分析回溯追踪异常人员行动轨迹，查找密切接触人群。

（5）动作分析。社区内采用天使眼摄像头，利用 AI 技术可以实现动作分析，实施监控老人、小孩动作及身体形态，预防摔倒，可以在社区范围内实现儿童老人无看护无陪伴自由活动。

2. 居住区的环境质量监测

（1）空气质量监测。在设计阶段，就充分利用数字化技术，模拟光照、风场环境，营造合理宜居的居住环境。在运营阶段，根据风向、日照、住宅设施布局、交通流量、周围环境等在公共区域选择合适的位置安装空气质量监测装置，并全面覆盖温度和湿度，实时监测空气质量指标，如PM2.5浓度、CO_2浓度、氧气含量、TVOC浓度等。同时，CO_2浓度监测装置还可安装在室内功能区域，如地下停车场。如果CO_2浓度超过标准，则会生成参数限制警报，并且通风和排气系统将并行运行。

（2）水质量监测。获得安全饮用水是人类生存的基本需求，按区域设置水质在线监测系统，监测生活饮用水、直饮水的质量。同时对室内外游泳池等区域水质也可进行检测，包括泳池的水温、余氯含量、水的pH值等。

（3）噪声监测。噪声易损害人的听力器官，严重干扰住宅区域内居民的正常生活和工作。增设噪声/电磁环境监测系统，可将其安装在建筑物和室外广场等公共区域，以监测噪声/电磁环境。监测系统除噪声和电磁监测外，还会发出警报，对数据进行统计分析，并及时采取干预措施。

3. 智能科技强化家居健康

通过智能科技的运用，打造全新、安全健康的家居环境。

（1）室内空气质量（IAQ）检测。室内空气质量检测是指对建筑物以及附近的空气质量进行动态跟踪。通过在室内设置空气质量检测设备，可以对室内的空气质量进行实时监测，同时当相关参数越限后，及时报警并联动开启家里的新风、空调设施，自动控制以改善空气质量，给居住者一个健康的空气环境。

（2）智能调光。适宜的照明有益于身心健康，它不但能使家居氛围格外温馨，还有增加空间层次感、增强室内装饰艺术效果和增添生活情趣等功能。在室内设置智能调光照明系统，可以根据空间、活动、照度自动调节灯光模式，也可根据老人、儿童及不同年龄段人群特点调整亮度、色温等，不仅保护视力，还可以促进身心愉悦。

（3）燃气报警。在厨房设置燃气泄漏智能报警系统，一旦燃气泄漏，燃气浓度监测设备可联动抽烟机或排风设施关闭燃气阀，消除隐患。同时语音播报器会马上报警提醒主人及物业管理人员，预防事故的发生。同时现阶段已经广泛设置一键报警功能，但是报警响应及后续服务仍然有待完善提升。

（4）可穿戴设备。基于无线通信技术的支持，智能手环将用户身体的各项数据（比如运动、睡眠等方面的数据）收集起来，能够让用户更加直观地了解自己的身体状况，从而养成一个健康的生活习惯。通过佩戴智能手环等类似可穿戴设备，用户可以实时记录运动、睡眠和饮食等的数据，并将这些数据与其他智能设备同步，通过数据来全方位打造健康生活。将智能手环纳入智能家居系统，与智能家居的各类设备进行互联互通，不仅可以让住户了解自身运动、健康信息，还可以使用智能手环控制家电设备，如通过语音命令实现灯光调节等，打造更加舒适便利的生活环境。

3.2.3 智能化服务保障家庭健康

目前我国家庭场景中的健康服务供给存在明显不足，其中健康服务不仅包括医疗服务，还包括健康管理与促进、健康保险以及相关服务。发达国家健康服务业规模可达其国内生产总值的 10%~17%，而我国健康服务产业目前仍以医疗卫生服务为主，前端产业（疾病预防和健康维持类）和后端产业（健康促进和提升类）规模小、内容少、发展滞后，且总量较小。当前产业大多聚焦于老年健康服务，针对慢病和亚健康人群的健康服务较为缺乏；而健康服务需求正由线下转到以线上为主、线下为辅，由单次体检转变为长期、连续的监测和干预。新冠疫情期间，宅在家中的生活模式更使人们意识到家庭场景中健康服务的缺失，比如无连续测量监测甚至上传个人健康体征数据的工具，无有效的通道让居民高效获得签约家庭医生的健康指导和治疗方案，无便捷的方式让居民获取高端增值的个性化健康管理服务（如营养膳食、健身等的指导）。

传统环境健康产品和智能家居产品多侧重于操作的便利性和设备本体的性能，如新风产品，生产和营销均侧重新风量的大小、过滤效率、热回收和附属功能，却忽视了人为的非合理性操作也可能导致设备的功能不能最大限度地发挥作用，使室内环境仍存在污染风险。智能家居产品多以经验控制为主，即根据大量样本调查得到的使用体验数据，设计灯光、空调、窗帘等设备的启停和模式切换，一定程度上忽略了用户需求的动态差异。例如，以智能穿戴设备为代表的家庭健康监测产品能够采集连续的睡眠、活动和生理数据，很多设备虽附带预警功能，却很少提供健康增进建议或措施，导致非专业人士难以基于有限的环境和生理数据，选择可靠、适宜的环境及行为等医学干预手段来维持或提高自身的健康水平。以家庭场景为中心的大健康产业协同创新要加强传感器和智能控制等技术与居家生活场景的适配性，加强家庭健康终端产品与住宅建筑设备、建筑本体的融合，满足家庭成员的使用需求，同时培养健康的生活行为习惯。

主动健康服务的核心是以人为中心，为用户提供主动、优质、快速、便捷、专业的服务。城镇快节奏生活方式和高密度居住方式与高品质生活需求之间的矛盾日益凸显，在突发公共卫生事件发生后，人们对健康住宅、健康服务的需求进一步加强。

家庭智慧健康服务内容设计应满足安全、健康和便利三大基本原则。覆盖居民全生活轨迹的健康信息是开展家庭智慧健康服务的基础，健康信息平台应具备签约管理、健康指标管理、健康数据查询、健康档案管理等功能，实现居民健康档案信息交换与共享；应能接入智能健康终端设备，采集居民生命体征数据并进行存储；具备大数据挖掘和分析功能，提供健康管理服务应用等。依据健康服务内容的设计，健康信息主要可分为环境、行为、生理和设备四大类，选取原则如表 3.2 所示。不同功能的房间由于从事的主要生活活动不同，污染源也存在较大差异，如厨房烹饪活动产生的油烟，卫生间使用的消毒剂等。另外，健康服务内容的设计还要综合考虑日常环境调控所参考的温湿度、CO_2 等常见表征指标。人员在室内的活动时间、活动轨迹和活动强度一定程度上反映了其生活行为习惯，日常无干扰情况下的生理数据相比较院内体检数据具有更好的临床参考价值，健康产品的使用维护情况则能够为干预方案的实施提供适当参考，信息之间的交叉应用使得干预方案的制定和效果验证方式有所创新。

表 3.2　家庭健康信息采集内容

类别	选取原则
环境	不同功能房间的典型空气污染物、环境质量表征指标
行为	人员环境暴露行为、人员活动状态
生理	健康评估指标、慢病管理参考指标
设备	设备运行数据、用户操作指令

3.2.4　智慧社区打造健康人居

秉持“安全、绿色、高效、和谐”的理念，智慧社区作为网格化智慧城市的重要组成部分，其建设正如火如荼地推进。经过多年探索与不断升级，智慧社区的建设已按照“端—管—云”统一架构，落实“泛在感知层—传输网络层—物联网云平台”的整体规划、整体建设，核心任务是建设“一图一网一平台一中心”。以社区建筑 3D BIM“一图”实现应用场景的可视化，以物联网“一网”连接设备感知层和云中心，以社区云平台“一平台”承载社区多维服务的 N 个应用，以智能运营指挥“一中心”IOC 实现各智能子系统间的互联互通，汇聚分析所有系统数据、场景数据，实现统一指挥、统一调度，并不断迭代更新。

健康住宅在智慧社区物联网云平台基础上构建健康升级主题模块。在社区住户登记系统的基础上建立社区健康档案，以人脸识别 ID 为主，以无接触无感模式实现健康场景互联互通，汇聚健康大数据（空气、水等质量监测数据，测温数据，健康小屋数据等），运用人工智能技术赋予健康场景可定义、可计算、深度学习自进化的生命力，如此便可以评估预测健康走向，制定对应健康管理计划，动态监测健康相关指标，协助对社区环境的健康跟踪管理，更好地适应丰富多彩的健康升级要求；使住户通过手机 APP、信息发布屏、社区网站和微信公众号等及时获得反馈与帮助，同时宣传健康理念，倡导健康生活，提高居民卫生意识和健康素质，改善人居环境，提高社区环境卫生综合管理水平。

在智慧社区云平台上引入人工智能健康升级模块，可根据气候、昼夜、季节、天气、疫情态势等建立人工智能模型，以软件可定义技术不断优化调整设备运行策略，在满足平日运行要求的同时，根据特殊疫情需要及时切换到防疫抗疫所需模式，可对接公安或防疫指挥中心。

住宅智能化只是手段，最终的目的是实现安全、舒适、方便、快捷的居住环境的打造，在此基础上考虑可持续发展和健康的注重环保的要求。围绕“环境、设备、人”的健康社区的主题场景将会不断丰富、完善，也会更加智能化人性化。不断提升居住品质，使居住环境安全、绿色、环保、健康，成为行业发展的重要契机，也是未来发展的趋势。

3.3 健康住宅践行可持续理念

3.3.1 可持续理念与健康住宅

当全球已进入联合国可持续发展目标“行动十年”，落实 2030 年可持续发展议程是全球发展的核心任务，该议程是贯彻在我们日常生活中的行动指南。可持续理念重点关注人与自然的和谐关系，和健康住宅之间存在着密不可分的关系，为健康住宅的发展提供了理论指导和实践方向，而健康住宅则是可持续理念在居住领域的重要体现。这种关系体现在多个方面，从建筑的设计、材料的选择到居住环境的营造，都体现了可持续理念对健康住宅的深远影响。

首先，可持续理念强调在满足当代人需求的同时，不损害后代人满足其需求的能力。这一理念与健康住宅的核心理念不谋而合，即创造一个既能满足居民当前居住需求，又能保护生态环境、保障未来世代居住权益的居住环境。健康住宅不仅仅关注居住者的身体健康，更关注居住环境的可持续性，追求人与自然和谐共生。

其次，可持续理念体现在健康住宅的建筑设计和材料选择上。健康住宅采用绿色建筑设计，注重通风、采光和保温隔热等性能，使居住环境更加舒适、健康。同时，健康住宅在材料选择上倾向于使用可再生、可循环、低能耗、低污染的绿色建筑材料，减少建筑过程中的资源消耗和废弃物产生，降低对环境的负面影响。例如，碧桂园健康住宅在社区规划设计方面，经过严密分析与测量，让每一栋楼体获得充足的日照，尽可能多地规划正南朝向楼栋，确保最优日照有效时长，让室内有阳光的味道；通过将主卧、小孩房、老人房、客厅等最重要的空间布局在南向采光最优线上，最大化利用南向面宽，不仅有利于通风，更能让居者享受到充足的阳光。

最后，可持续理念还关注健康住宅的生态环境和景观营造。通过合理规划和设计，健康住宅能够充分利用自然资源，如太阳能、风能等可再生能源，降低能源消耗。同时，健康住宅注重绿化和景观营造，通过种植绿色植物、设置雨水花园等方式，增加居住环境的生态功能和美感，为居住者提供更加健康、舒适的居住空间。例如，龙湖集团高碑店列车新城根据海绵城市概念在社区中打造了一个中央公园，场地中部生态植草沟，用于收集、输送和排放径流雨水，而在下沉式绿地之上，架起了一座飞桥，下雨天，下沉绿地储蓄雨水，住户还可以通过飞桥在社区中活动。

通过可持续理念在健康住宅中的应用，我们可以实现居住环境的可持续发展，为居民创造更加健康、舒适、和谐的居住环境。

3.3.2 可持续理念的建筑体现

可持续健康住宅产品要做到“适用、经济、在可能条件下注重美观”原则就必须从住宅设计开始贯彻绿色理念、注入绿色元素。所谓绿色设计，其实就是低碳设计，是应该放在第一位的，要贯彻实用、经济、美观的方针。

住宅小区的主要功能是满足客户追求更加舒适、健康的居住环境的居住需求。从“适用”的原则出发，首先应该把精力放在户型平面设计上，重点研究住宅的卧室、储藏空间、起居室的合理布局与适宜尺度；其次考虑小区公共空间如何更好地满足居民的公共活动与休憩需要；最后是合理组织规划形态，对气候、技术、规范条件做出适宜的回应。从“经济”的原则出发，应该考虑如何减少和杜绝浪费，通过设计手段实现节能、节材、节地、节水；尽量以乡土、低技手段实现设计功能；合理利用城市公共服务设施，缩短居民出行距离，减少汽车使用，降低碳排放。在综合考虑适用、经济原则的基础上，让住宅融入城市，适当装饰，保证建筑物形象美观，以上这些才是设计之本。

另外，可持续理念在选材方面体现为健康住宅的建筑材料应该选择无毒、无害、隔音降噪、无环境污染的绿色建筑材料，在户型设计上注重自然通风，并且小区建立废弃物管理与处置系统，使生活垃圾得以全部收集，密闭存放，收集率达 100%。这样，无论室内室外，都不会产生有害物质，有利于居住者的身体健康。其绿化系统同时具备生态环境功能、休闲活动功能、景观文化功能，且尽量利用自然地段，保护历史人文景观，因此能使居住者身心健康，精神愉快。健康住宅采用的绿色材料可隔热保暖，因此可使居住者尽可能少用人工空调，并且其还尽量将雨水等处理后重复利用，并推行节水用具等，这一切，实际上为居住者节约了不少水费电费等生活费用。

3.3.3 可持续理念的社区体现

在西方，可持续发展理论在城市建设领域得到了极大的重视，社区作为社会活动的基本地域单元，是可持续发展建设向下延伸和落实的基本场所。在英国作为轮值主席国的 2005 年 12 月召开的欧洲能源部长级会议上，提出了欧盟成员国对可持续理念在社区发展的更为详细的报告——《布里斯托尔协定》(Bristol Accord)。这一报告对“可持续社区”进行了重新阐释：“无论是现在还是将来，人们希望在这里工作和生活：能够满足已经入住的及将来会入住居民的不同要求，关注环境，能够提供高质量的生活，安全且经过精心的规划设计和建造运行，为所有的人提供公平的机会和优质的服务”。

《布里斯托尔协定》提出了可持续社区发展的八项原则：①有活力的、包容的、安全的社区——公平、包容和有凝聚力的社区文化及易于分享的社区活动；②良好的社区管理——有着有效的、全面的沟通机制，使社区成员能够积极参与、提出建议，有着有力的管理机构；③密切的社会联系——居民与工作地点、学校、医疗及其他服务机构之间有着便利的交通及通信联系；④良好的服务体系——包括易于到达的公共及私营服务性机构、社区服务及志愿服务机构，能够满足社区需求且运营良好；⑤环境友好型社区——为人民提供居所的同时关注生态环境；⑥繁荣的地方经济——可提供充足的就业及培训机会，规划设计考虑经济的发展繁荣；⑦可持续的规划与建筑——高品质的人工及自然环境；⑧公平——无论是对其他区域的个人还是对下一代来说。

可持续理念在健康住宅社区中的体现,进一步将健康与环保的理念融入了整个居住环境的规划与建设中。这种体现并不局限于单个住宅单元,而是贯穿于整个社区的设计、建设和管理过程,使健康住宅社区成为一个完整的生态系统。在健康住宅社区的规划中,可持续理念强调与自然环境的和谐共生。社区的布局会充分考虑地形、气候等自然条件,通过合理的空间规划,使建筑与自然环境相互融合,减少对环境的破坏。同时,社区内的开放空间、绿地、水系等自然元素也会被精心设计和布局,为居民提供舒适、宜人的休闲和娱乐场所。

可持续理念要求环境影响最小化,在健康住宅社区中,生态环境与景观营造是可持续理念的重要体现。深刻理解城市作为人类聚居地的历史沿革与发展规律,依托现有环境进行建设,响应人对城市与自然的需求,降低城市建设对自然的影响和破坏,是低碳绿色城市建设的重要方面。森林和山水、城市绿化景观,是现代城市中人居需求的一部分。但绿化景观建设是绿色城市建设的一部分,而不是全部和唯一,不宜为了城市的绿化建设,大范围地破坏乡村和森林。社区内的绿地、公园、水系等自然元素不仅美化了居住环境,还具备调节气候、净化空气、降低噪声等生态功能。此外,社区还会通过种植当地植物、建设生态走廊等方式,增强生物多样性,提高生态系统的稳定性。这些措施共同营造了一个健康、舒适、和谐的居住环境。

3.4 健康住宅匠造精神"乌托邦"

3.4.1 住宅让生活返归愉悦

在当今快节奏、高压力的现代社会中,人们对住宅的期望已经不仅仅是遮风挡雨的庇护所,更是一个能够带来心灵慰藉、促进精神健康的居住环境。这种变化促使我们重新审视住宅设计的核心理念,并意识到精神价值在其中的不可或缺性。健康住宅的概念,已经超越了传统意义上对物理环境健康性的追求,而是进一步涵盖了居住者的精神健康。一个真正的健康住宅,不仅应该提供舒适、安全、环保的物理环境,还应该能够促进居住者的精神愉悦、心灵满足和人际和谐。健康住宅的精神价值可以从安全感、压抑感、领域感、邻里感、亲情感、认同感、归属感、参与感八个影响因素,环境心理、情感认同和精神文化三个具体方面展开。

首先,健康住宅的构建设计对居住者的环境心理有着重要影响,主要体现在安全感、压抑感、领域感和邻里感上。

（1）居民对于安全感的需求，仅次于空气、阳光、吃饭、睡觉等生理需求，是人类求得生存之后的居于第二位的基本需求。当一个人的精神始终处于不安全的威胁之中，他就会精力分散，疲劳感增加，从而影响心理健康。因此，通过居住区选址、道路交通安全、建筑与环境细部设计来保障人身安全，通过智能化、精细化升级安全防范设施来营造居住生活安全感是十分重要和必要的。同时更为基础的是，提升建筑质量与交付标准，在钢筋水泥塑造的建筑体中，遮蔽与安全功能得到了保障，但是建筑质量带来的诸如墙体立面脱落、高层建筑防护结构不当造成的意外坠落，甚至是漏水、电梯事故、电动自行车爆燃等等事件时有发生，在更高维度上，形成安全感的挑战因素。

（2）压抑感实际上是由高层、高密度的居住区环境所造成的居民心理上的"拥挤"感觉。这是一种不良的环境心理。它不光与空间的私密性有关，还与户外空间的开敞性与通透性、建筑间距、视线的干扰等因素有关。因此，降低居住环境的压抑感，让人能够愉悦地生活，实际上就是营造居住生活的舒适感受。在传统城市扩张理论下，城市核心区急剧提高建筑密度与容积率，以满足人口涌入城市的用地需求。不可否认，这为土地高效利用创造了条件，形成了有效的住房供应。但是伴随着城市化进程放缓、人口总量的持续下降，城市规模扩张接近边界，核心区城市设计密度有必要重新审视，在满足城市发展的同时，提供更为开阔舒适的城市整体规划感受。对于居住区社会环境中的压抑问题，一般通过符合人心理尺度的建筑及空间环境的构建、户外空间等级序列的营造、对人的视线的处理等方法来解决。

（3）领域感，即个人或群体控制某个场所或物体的能力与感觉。通过对空间的相关属性的构筑，如明确空间的所有权、占有权和控制权，确定一种减少冲突、加强控制的设计来增强居民的领域感，能够有效地引导人们的社会交往，从而促进居住区中不同背景的居民的和谐相处。同时，居民领域感的形成，还有助于满足居住者对安全、归属、邻里交往等的多层次需求，实现私密性与社会性的最适化。明确的边界是实现社区群体空间有效交往并产生认同的首要条件。建筑物、植物等的围合，标志、小品、光影等的界定，等等，都是形成空间领域感的手段，且围合界面的质地、方向位置、封闭与开放、大小与色彩变化等也都会对空间领域感的形成产生影响。

（4）邻里感在人对居住环境的需求中是最大的需求，和睦的邻里关系对于居民的心理健康与生活愉悦有着非常重要的意义，而良好邻里关系是建立在居民之间持续互动往来的基础之上的。居住区户外空间环境是居民户外活动的容器，其空间设计应以维持、促进健康有序的户外活动为理想目标，从居民户外活动的类型、人的行为心理和物质空间环境的设计措施来分析通过怎样的设计能够促进人们的交往，从而对形成良好的邻里关系有帮助。

其次，健康住宅的构建设计对居住者的情感认同也具有重要意义，要通过人性化的设计来体现精神上的温暖与关怀，包括亲情感和认同感两个因素。

（1）亲情感的打造主要指通过居住区的环境建设，从老年人和儿童的生理特点与心理需求出发，建立对老年人、儿童等群体的照顾机制，开展充满人性化关怀的设计。因为老年人与儿童是邻里生活中最主要的群体，他们对居住区的依赖性最强，与居住环境的关系也最为密切，扮演着促进邻里交往、互助的重要角色。通过提供合适的专用活动场所、设施，组织相关活动，开展针对老年人和残疾人的无障碍设计，可使居住区真正做到“老有所养，少有所依”，减轻成年人的生活压力，营造出住区整体的亲情氛围，增强居民对居住区的归属感。

（2）认同感是指居民对居住地及居住群体心理上、情感上的认同，它意味着居民将自己界定为居住群体的成员，认同共同的利益。认同感与居民归属感、参与意识、定居意识的形成有密切联系。居住区户外空间环境的硬件设施建设，一定的文体、娱乐、休闲活动的组织，居民充分发展个人爱好的空间、场地和社团的提供等，能满足不同层次居民的休闲娱乐要求，从而使居民对居住区产生心理上的认同。

最后，健康住宅的构建设计对居住者的精神文化具有决定性作用，需要物质空间环境和社会文化要素共同构建，包括归属感和参与感。

（1）归属感是指居住区成员通过邻里交往、沟通，对所居住的物质环境和所属的文化群体的熟悉程度、认同、喜爱和依恋。归属感会使居民自觉维护和保护居住区，对不良的行为做出反应，从而增强居住区居民的“社会自治的控制力”，这对于维护居住区稳定的秩序和安全等具有重要作用。同时，归属感也是形成居民定居意识的一个基础，它对于居住区社会环境的平稳发展具有非常重要的意义。归属感的营造可以通过物质和非物质的内容来进行，包括营造有特色、识别性强的物质景观环境和有特色的社会文化环境两方面。

（2）对居民参与感的构筑，有助于居民自觉自愿地共同维护居住区的整体利益，进行自治管理。而为居民提供参与公共事务的渠道，加强居民对居住区的参与感和归属感，正是居民最终形成自治意识的基础。参与是指居民主动参与居住区公共活动、公共事务以及居住区管理，将居住区的事务视为与自己生活密切的一部分。因此增强居民的参与感就需要寻求合适、合理的居民参与管理小区事务的方法，成立相应的组织、团体，并为居民参与活动提供必要的空间场所和多元化的沟通平台。

3.4.2 设计元素中的情感交流

在健康住宅的设计中，设计元素与精神价值的融合是一个至关重要的环节。空间设计会对人的心理健康产生影响，通过城市建筑空间设计所形成的环境和氛围，例如空间的自然采光、尺度、色彩、密度等，以不同的方式对使用者的心理状况产生影响。环境心理学要求室内设计符合人们的行为模式和心理特征，使使用者的个性与环境相互协调。其中的四个领域和设计元素有着密切联系：感知性领域，主要聚焦现象环境如何影响人们的感觉，人们又是如何通过那些可被感知的领域来认识环境的；有表现力的领域，室内环境中的色彩、形状、音响与象征性意义等都是有表现力的领域，它们都或多或少地影响着人们的情感与心境；美感领域，美学体验随文化的不同而变化，因人而异，因地而异，需要使用者同室内设计师之间进行有效的美感交流；适应性领域，是指人的活动模式与其相应的空间模式之间有一定的适应性。居室空间环境设计的目的就是将人的行为向有益的方向引导，使人与环境的相互作用达到一种动态的平衡状态，并向着居室健康不断进步和完善。通过巧妙地运用各种设计元素，我们可以将精神价值融入居住环境中，为居住者带来更为丰富和深刻的居住体验。以下从色彩、光照和材料三个方面具体阐述。

1. 色彩

色彩是表达设计理念和情感的重要载体，在健康住宅的设计中，通过精心选择色彩，可以传递出积极、向上的精神价值。作为人的视觉器官对可见光的感觉，色彩在住宅空间设计中可以直接影响人的生理与心理活动，进而影响人的健康。近年来，各国科学家和心理学家对颜色进行的深入细致的研究表明：五颜六色的生活用品和家具摆设，将会成为一种有益健康的“营养素”，反之则对健康不利。此外，色彩也与人类的知觉情感息息相关，而知觉情感是影响健康的重要因素。因此可以利用不同的色彩来刺激人们的视觉感官，使人兴奋，或发挥平和神经的作用。虽然色彩本身没有感情内容，但当它呈现在人们面前时，总能诱发人的心理活动，使人产生喜怒哀乐等各种思想情感，或高雅或低俗等情趣。当色彩带来的视觉冲击达到神经中枢时，会产生深层次的联想、想象等形象思维，体现了色彩的精神价值和社会价值。例如，可以运用淡雅的色调来营造宁静、舒适的居住氛围，在卧室中采用浅蓝色或淡绿色的墙面涂料，让居住者在休息时能够感受到内心的平静和安宁。

2. 光照

色彩的感觉和印象是光作用于物体而产生的，室内的色调是由光源作用于物体与环境所产生的色彩总体印象。在空间环境中，没有光源，物体的色彩是无法显现的，光源是色彩反映的前提条件。居室空间中的光照来源包括天然采光和人工照明，现代室内光环境的设计中，光不仅起照明的作用，而且还是界定空间、分割空间、改变室内空间氛围的重要手段，同时光还能表现一定的装饰内容、空间格调和文化内涵，趋向于实用性及文化性的有机结合，成为现代装饰环境的一个重要因素。它能修饰形与色，使原本简单的造型变得丰富，并在很大程度上影响和改变人们对形与色的视感。它还能为空间带来生命力，创造环境气氛。灯是人工照明器具，在居室空间设计中，一般采用整体照明、局部照明、反射照明等三种照明方式，各种照明方式在居室环境中的功能各不相同，对照度的要求也因环境而异，否则将会对人的身心健康产生影响。居室照明必须能给予居室活动进行时所需的光亮。无论是工作还是休息，个人或家人的活动，都必须在适当的光线下，才能发挥最佳的效率。在居室空间中照明的布局不仅要满足空间活动进行时照明的需要，同时必须考虑对空间氛围和环境中物体的形、色、结构、肌理等表现的可能，另外灯光的色彩运用也要因人而异的，必须考虑居住者的色彩感受，同时还要注意灯光色彩对环境氛围的影响。居室空间照明设计的任务不单是照明也不单是装饰美化，而是追求艺术主题和视觉、心理舒适性的完美统一，它是照明与装饰材料美化和居住者心理的完美结合。

3. 材料

光是一种物质，眼睛在感觉材料色彩的过程中，受客观的光环境转换的影响，材料成为色彩的载体，是室内环境色彩的直接体现。材料是室内设计的物质基础，居室空间设计的任务之一就是根据材料的质地和性能特点，通过各种新工艺与技术，为居住者创造科学的、环保的、舒适的室内空间环境，以保证人体的安全，促进人的身体健康。材料的物理和化学性能，决定了材料的适用范围，也决定了材料的加工手段。材料的可视性和可触性的外在要素带给人的生理和心理感受是完成现代环境设计的重要依据。材料的视觉要素是指材料的色彩、形状、肌理，材料的触觉要素是指材料的硬或软、粗糙或细腻等。例如，可以选用环保、自然的材料来打造健康、舒适的居住环境，在地板和家具的材质上选择实木或竹制品，既符合环保要求又能为居住者带来自然、清新的感觉。室内装饰材料的美感作用，是从某种材料的特性中显示出来的，它包括肌理、色彩和质地美感。材料美感的认识与发掘，直接影响装饰实体的艺术水准和价值，决定着空间环境的气氛与文化层次，是环境设计理论研究的重大课题。应该说，任何材料都充满了灵性，都有其特定的材料语汇，通过材料本身或材料间的组合，以物言情，将人的情感体验融于自然材料特性之中，就可以创造出理想的生活空间。

设计元素与精神价值的融合是健康住宅设计中的重要环节。巧妙地运用各种设计元素，传递精神价值，可以为居住者带来更为丰富和深刻的居住体验。

3.4.3 传统文化赋予精神熏陶

在健康住宅设计中，传统文化的融入不仅能够赋予建筑更深厚的文化底蕴，还能够增强居住者的文化认同感，为居住空间注入独特的灵魂。传统文化的融入不仅仅是形式上的模仿，更是对文化精髓的提炼和传承，使现代住宅在保持时代感的同时，也能够彰显深厚的历史和文化底蕴。

传统文化是一个民族在长期的历史发展过程中形成的独特文化体系，它包含着丰富的思想、道德、艺术、科技等方面的内容。在现代社会中，传统文化的价值日益凸显，它不仅能够为现代生活提供精神支撑，还能够促进社会的和谐与稳定。在健康住宅设计中，传统文化的融入可以让居住者在享受现代生活便利的同时，感受到传统文化的熏陶和滋养。

传统文化在健康住宅中的表现形式主要包括三个：物质资源、文化资源与人力资源。第一，物质资源主要是健康住宅在开发的过程中用以表现产品文化主题所涉及的物质基础。在建筑材料的选择上，假山小桥的造景，红瓦红木的选用更容易与中式风格相结合，而相比之下水晶玻璃等则多用于欧式的现代建筑。在住宅内景装饰上，选用中国传统的红木家具、实木打造的橱柜，更能展示传统文化的内涵。第二，文化资源主要包括地域文化资源和人文资源，每个地区都有自己独特的文脉资源，抓住当地的文脉特征才能准确把握当地消费者的文化诉求。第三，人力资源不仅是指消费者本身，还包括与之互动的物业人员、房地产企业。房地产企业是生产者，消费者是最终产品的使用者，物业则是二者的桥梁，三者有机结合、良性互动。

传统文化元素为中式健康住宅的规划设计提供了重要的文化来源，使得中式住宅成为植根于民族文化深处的文化载体，也更容易达成产品与消费者之间的文化认同。传统文化元素在中式健康住宅中的表达手法主要体现基于精神文化层面的传统思想观对住宅的营造、基于实体层面的文化元素对住宅建筑选址布局形态的影响、基于生态层面园林自然景观在中式健康住宅中的运用、基于空间层面材料色彩形态装饰在中式健康住宅中的设计等。

1. 设计理念与价值观的融合

在设计理念上，需要深入理解传统文化的核心价值观，如“天人合一”“和谐共生”等，并将其与现代设计理念结合。这意味着在追求健康住宅的物理舒适性和功能性时，同样要注重居住者的精神需求和情感联系。通过创造与自然环境和谐共生的居住环境，让居住者感受到与大自然的紧密联系，从而达到身心的和谐与健康。

2. 建筑元素与符号的融入

在建筑元素与符号的融入方面，可以运用传统的建筑符号、构件和色彩，以体现传统建筑的韵味和特色。例如，在建筑立面设计中，可以借鉴传统建筑的窗花、斗拱、檐口等元素，通过现代设计手法进行简化和重构，以展现出传统与现代融合的独特美感。同时，在色彩选择上，也可以运用传统的色彩元素，如红色、黄色、金色等，营造出具有传统文化氛围的居住空间。

3. 空间布局与功能的优化

在空间布局与功能的优化上，可以借鉴传统园林的布局手法和造景技巧，如借景、对景、障景等，以营造出具有传统韵味的居住空间。通过合理的空间划分和流线设计，让居住空间既符合现代生活的需求，又能够体现传统文化的精神内涵。例如，在居住空间中设置一处安静的禅意空间或茶室，让居住者可以在其中品茶、冥想，感受传统文化的独特魅力。

4. 文化元素的细节体现

在细节处理上，也可以融入传统文化的元素。例如，在装饰艺术和陈设设计上，可以运用传统的图案、纹样和工艺，如国画、书法、陶瓷等，打造具有传统意韵的居住氛围。这些元素不仅可以为居住空间增添独特的艺术美感，还能够让居住者感受到传统文化的魅力和内涵。

5. 生活方式的传承与弘扬

除了设计上的融合外，还需要注重生活方式的传承与弘扬。通过举办传统文化活动、开设文化课程等方式，让居住者深入了解传统文化，增强文化认同感。同时，鼓励居住者将传统文化融入日常生活中，如开展品茶、书法欣赏、绘画欣赏等活动，让传统文化成为健康住宅生活中不可或缺的一部分。

总之，传统文化与健康住宅的融合需要从多个层面进行深入理解和实施。传统文化包罗万象，集儒道哲学思想、古典园林手法于一体，含蓄内敛、宁静致远的生活态度，寄情山水、诗意栖居的文化情趣都是其内涵的再现。然而，多元共生不应仅仅是本土文化的融合，还应包括传统文化自身的更新与再造，这种二次创作是适应现代人文化需求的与时俱进。同时，要了解不同家庭结构的消费者的多层次需求，对传统文化的借鉴要立足全球，放宽视野，借鉴西方优秀文化，将其融入本土文化之中，增强本土文化的活力和生命力。通过将传统文化的精髓与现代设计理念结合，我们可以打造出既具有文化底蕴又符合现代审美需求的健康住宅，为居住者带来更为丰富和深刻的居住体验。

3.4.4 建筑哲学顺应自然法则

在快节奏的现代生活中，人们越来越关注居住环境对身心健康的影响，重视整体思维和人与自然的有机关系，强调居住环境的舒适性、安全性和生态性的健康住宅概念应运而生。而中国传统建筑哲学的宗旨就是审慎周密地考察自然环境，顺应自然，有节制地利用和改造自然，创造良好的居住环境，形成“天人合一”的建筑艺术和谐美，其设计思想、审美取向、选址理论与健康住宅的追求不谋而合。一方面，将中国传统建筑哲学融入健康住宅设计中，可以帮助设计者更好地把握环境要素，优化空间布局，提升居住环境的整体品质。另一方面，中国传统建筑哲学还能够增强居住者的心理感受，提升其生活品质，促进其身心健康。因此，探讨中国传统建筑哲学在健康住宅设计中的应用具有重要的现实意义和理论价值。

1. 中国传统建筑哲学的环境观

中国传统建筑哲学注重的是创造一个与自然和谐统一的居住环境。从整体环境来看，中国传统建筑哲学认为建筑物所处的区域大环境，影响着建筑物的使用和使用者的身心健康。周围环境山环水抱，使人一到此处便有舒服安逸之感，这既需要有充足的阳光、适宜的温度，也需要空气流通。以水口山为障景，使基地内部与外部有所隔离，形成空间的对比，进入时狭窄而后豁然开朗，别有洞天，这样围合的感觉就更加理想。从景观环境来看，景观既作为小尺度环境营造的因素，也作为弥补大范围环境条件的不足的手段，通过修景、造景、添景等办法达到风景画面的和谐与完整，所以也必须注重景观环境格局的藏风聚气。在健康住宅的选址和设计中，尽量追求山环水抱的自然环境。如果实际环境中没有自然的山水，也可以通过人工造景来模拟，如设置假山、喷泉或水池等，以营造类似的山水格局。不管采用何种景观布置，均强调景观空间的藏风聚气，可采用或封闭或重叠或自由的围合手法，形成一个个不同层次的景观空间。

"天人合一"的思想要人们选择适宜的风土、水文、地理气候条件，因地制宜、就地取材，处理好人、建筑、自然三者的关系。这要求健康住宅节约能源，充分利用自然采光与通风，采用适宜当地气候条件的平面布置形式，用传统技术来改善居住环境，并结合现代技术、绿色生态能源如太阳能、地热能、空气能等可再生能源，满足建筑的日常能耗需求；合理使用资源，减少不可再生能源的使用，尽量争取使资源可再生利用，节约水资源，对雨水加以收集，使其成为景观水，并注重规划设计上的节地措施；回归自然，与周边的环境融合，和谐一致，动静互补，有机协调，最终达到保护生态的目的，根据地理条件、环境气候，利用周边的水体、植被，形成气候调节效应。

2. 中国传统建筑哲学的布局观

建立在"天人合一"基础之上的中国传统建筑哲学的和谐美，不仅影响着建筑的选址和规划，也指导着建筑的布局和形制，是通过建筑物的对称、均衡、韵律、尺度等形式美原则以及数字、色彩等具象化的象征手法演奏出的"礼乐和鸣"。

在平面设计上，中国传统建筑哲学具有强烈的“尚中”情结，集中体现在对中轴线的运用和强化上。中轴线南北贯穿，建筑物左右对称，秩序井然，表现出葱郁清醒的现实理性精神，成为中国古代建筑文化的一大传统。考古发掘资料表明，至少在周代，院落空间已呈均衡对称，已经出现了中轴线，进而南北方位逐渐与东西方位分野。面南为贵以后，南北轴线逐渐成为主轴线，重要建筑处于中轴线上，中轴线两侧基本上为严格的对称布局。这种以院落空间为营造基础的对称秩序成为城市、宫殿、坛庙、庭院建筑布局的主要模式。

在剖面设计上，传统建筑受限于木构建筑技术，很少采用顶部采光的设计手法形成阳光直射，而是利用“形势说”理论，通过借景手法将院子或天井中的自然光线和景观引入室内来。在处理组群性建筑大剖面关系中，利用近景建筑或其他景物形成视线方向的中景或远景画面。除了“夹景”外，“框景”可以说和现代建筑学有异曲同工之处。这种方法使人站在建筑群落中，能观看到局部的完整画面，并且留有一线带状天空，所见的天空就是“白”，“过白”就是所见的天空光线。同时，“过白”具有生态建筑学相关的物理意义，在无光线照射的地面必然产生“泛潮”现象，因此，控制和调整“过白”具有防潮效应。

总的来说，中国传统建筑哲学顺应自然法则、讲究“天人合一”，其在健康住宅中的心理价值体现在满足居住者的心理需求与期望、促进心理健康、增强自信心和归属感、促进人际关系的和谐以及提升生活品质等多个方面。从环境优化来说，中国传统建筑哲学追求和谐美，强调通过调整住宅的布局、色彩、装饰等元素，来营造一个和谐、舒适的居住环境，这种环境能够减轻居住者的心理压力，使其感到更加放松和愉悦。从情绪调节来说，合理的住宅设计可以避免一些不良因素，如尖角冲射、光线不足等，这些因素往往会对居住者的情绪产生负面影响，而一个光线充足、通风良好、布局合理的住宅则能够调节居住者的情绪，使其保持积极、乐观的心态。从情感共鸣来说，中国传统建筑哲学强调家居环境与居住者情意特征的和谐共生，一个能够藏风聚气的住宅，其气场稳定而和谐，有助于居住者形成稳定的安全感和归属感。

Ⅱ 实践部分

健康住宅的工程实践

第 4 章

国内房地产企业健康住宅的落地实践与探索

4.1 国内房地产企业住宅产品的探索历程

在房地产行业整体转型的背景下，国内房企围绕自身特色展开了一系列与地产业务新形态需求相结合的探索，例如围绕商业消费与酒店化物业管理探索大型商业地产开发模式，围绕精神文化消费与旅游度假探索文旅地产以及产业地产、养老、长租等诸多方向。同时也有一批房企始终专注住宅行业本身，在健康住宅领域进行了深入的探索和实践。这些探索对健康住宅的发展具有积极的推动作用。

4.1.1 国内房地产企业的业务转型

随着政策调控、市场需求的变化以及经济环境的演变，地产行业的高增长、高利润模式难以持续，众多房地产企业纷纷踏上业务转型之路，寻求新的增长机遇。大型房企借助资金实力和品牌影响力，转型中往往倾向于涉足多元化业务领域，如商业地产、物业管理、文旅产业等。中等规模房企在市场竞争中面临一定压力，转型方向多集中在与主业相关的细分市场领域，如养老地产、产业地产等，以寻求差异化竞争优势。由于资金和资源有限，区域性及中小型房企选择与大型房企合作，专注于本地市场的特色项目开发。典型转型方向主要集中在大型商业物业持有及开发、文旅产业、产业地产、长租公寓等方向。

1. 商业开发推动区域成熟与住宅增值

在地产行业发展过程中，地方政府希望通过大型房企的商业品牌引入带动区域发展，并给予土地出让、税收优惠等方面的政策支持。在此背景下，诸多开发企业探索开发购物中心、写字楼、酒店等商业物业，与住宅开发互为依托，通过商业物业的长期运营获取稳定的租金收入和资产增值。

典型如万达广场，发展初期，其通常选址在城市中心或新兴区域，这些地方具有较高的人口密度和消费潜力，能够吸引大量的消费者和商家。同时广场有非常丰富的业态，集社交、娱乐、美食、零售功能于一体，能形成独立的大型商圈。在万达广场选址落地的同时，部分地方政府可能会匹配部分住宅用地作为优惠政策。住宅产品的快速销售、回笼资金为商业物业的持续运营奠定资金基础，同时商业物业的商圈打造能力与区域成熟度的提升带来住宅产品的保值与升值。

但是伴随着房地产市场的快速发展，商业地产开发的弊端开始显现，大量商业地产供应过剩，市场竞争激烈，商铺空置率上升。同时商业地产天然建设成本高但回报周期较长，融资收紧，加剧了实施主体的资金链紧张。并且，在高强度商业竞争环境下，优质品牌资源有限，招商难度加大，运营期物业管理、营销推广、设施维护等均需持续投入，电商冲击下消费者更多地倾向于线上购物，也构成全新挑战。

2. 文旅结合助力人居“精神产品”打造

与商业地产侧重丰富生活配套以提升住宅价值不同，伴随着教育、文化、娱乐支出增加，文旅地产侧重提供高品质体验式消费，满足人们对休闲度假的需求，成为房企转型的另一趋势。

华侨城是国内知名的文旅产业品牌，在深圳打造了包括世界之窗、欢乐谷等知名主题公园，公园本身主要是提供丰富多样的游乐设施和娱乐表演。同时，周边配套了酒店、商业等设施，形成了完整的文旅产业链。著名的阿那亚采用“别墅+酒店+公寓+社群+微场景+轻旅游”的模式，打造全资源滨海旅游度假综合体社区。海边建孤独图书馆、教堂、美术馆、音乐厅、剧场等一系列精神地标，举办大量戏剧节、文学节、艺术节、音乐节、电影周、美术展览等各类文艺活动，满足新中产人群对生活方式的新需求，将社区打造成极具吸引力的精神高地。

阿那亚本身曾经是秦皇岛滞销的地产项目，但是通过一系列精神运营内容的植入，一举逆袭成为“中国神盘”和国内成功的文化旅游社区之一，其销售额从 4 000 多万元增长到每年 30 亿元。基于北戴河阿那亚的成功运营，该地产项目现已扩张到三亚、金山岭和广州等地。

但是在文旅地产的扩张实践中可以看到，文旅地产的成功经验可复制性较差。一些地区盲目跟风建设大型主题公园，却没有考虑当地的人口规模和旅游市场容量，项目定位与市场脱节严重。与住宅、商场的标准化打造不同，文旅地产更注重内容创新，三亚、金山岭阿那亚都并未复制秦皇岛项目的成功，而其他更多文旅项目在产品设计上相互模仿，民俗村、古镇等，游客体验十分相似，缺乏独特的创意和亮点。同时这类项目普遍投资规模大，需要自建基础设施，景点融资渠道较窄，营销推广费用高昂，资金回收周期长，收益不确定性较大，投资回报难以预测和保证。

3. 产业新城提升住宅吸引力

在大规模城市化浪潮下，传统城市面临着资源紧张、环境污染、交通拥堵等诸多问题，通过新城开发提高城市的综合承载能力成为诸多城市的开发策略。而在科技快速发展的大背景下，新兴产业的兴起需要与之相适应的发展空间和配套设施，部分开发企业探索利用产业集聚效应，实现产业与城市的深度融合，从教育、医疗、交通、生态等方面提升住宅产品的吸引力。

华夏幸福“园区+地产”的独特运营模式在产业地产领域具有代表性。华夏幸福的产业新城业务通过与政府合作，以产促城，立足产业，驱动住宅。以河北固安产业新城为例，其基于当地的产业基础和发展需求，进行精准的产业定位和规划，引入了电子信息、生物医药、高端装备制造等产业，并提供完善的基础设施、产业服务和配套设施。传统招商是物理空间的搬迁，但是固安项目则是通过优化营商环境和提供专业服务变“搬商”为“养商”，高峰期华夏幸福旗下设立了 80 多个产业服务公司提供“管家”兼“导师”式服务，累计引入企业超过 460 家，签约投资近千亿元。固安项目通过产业的集聚和发展，带动了当地经济的增长和就业机会的增加，同时也提升了土地价值和房地产项目的吸引力。先后在固安建成 8 个公园，新建 170 千米的柏油路，还引入北京八中，提升了当地土地价值与住宅产品开发的吸引力。

绿地产业新城项目产品系国际博览城，主要依赖植入绿地擅长的国际会展中心、会议中心、酒店集群、科创总部、商业 Mall、风情商业街等复合业态进行整体性开发。山东济南天桥区博览城项目本身位于城市成熟区域，老旧小区众多，通过整体性开发，为片区注入全新产业活力的同时实现了城市的整体更新迭代，结合既有的成熟配套，实现住宅产品的价值提升。

但是产业园开发的转型存在诸多难题，特别是工业用地本身配套相对不成熟，且严重依赖产业链体系的快速发展产生的产业用地增量需求。而高附加值、创新能力强的产业项目竞争激烈，园区内企业之间的产业链关联度不高，难以形成协同发展的产业生态，导致产业地产的投资回报通常需要较长时间，资金压力较大，其主要依赖物业销售和租赁，增值服务的收入占比较低。

4. 长租公寓探索租赁市场体系化发展

2010 年前后外资、外企及外国务工人员涌入，促使雅诗阁等服务式公寓引入中国，受此启发，我国逐步开始出现面向青年租客的服务型长租公寓。2013—2014 年，各行业尝试引入“互联网模式”，长租公寓也不例外，资本入场推动行业快速发展。2015—2016 年，越来越多的房地产开发商和中介机构开始进入长租公寓市场（图 4.1）。龙湖集团旗下的冠寓品牌，通过提供高品质的租赁住房和配套服务，满足了年轻租客的需求，在长租公寓市场占据了一席之地。

图 4.1　长租公寓行业发展推动力

2014 年，万科以广州万汇楼项目为试点，正式探路规模化长租公寓业务；2016 年，整合其全国的长租项目，统一为“泊寓”品牌，随后实现了规模化发展。泊寓根据不同土地属性和城市特点，联合不同市场参与主体，探索出六种业务发展模式，包括利用集体建设用地合作、利用商办类土地自建持有运营、与国企成立合资公司建设运营、城市更新与老旧城区微改造、定制政企人才租赁住房、全流程管理输出服务等。经过多年发展，泊寓在万科 2021 年年报中被正式确定为主要方向之一，并在住房租赁产业研究院发布的中国住房租赁品牌价值评估报告中位列总榜第一名。

在长租公寓业务的发展过程中，万科也注重组织搭建和模式调整。2019 年，万科成立长租公寓事业部，将权力收编回集团层面，形成制衡和调配体系，以平稳运行为主并夯实运营。2022 年，万科提出“缩表出清”计划，长租公寓业务的目标是找到合适的资金来源，并将低效资产转化为高效资产，其未来链路逐渐清晰，为以轻资产模式为主。

长租公寓的运营收益为房企贡献稳定现金流量，也为自身地产开发业务储备丰厚客源基础。同时参照国外租赁市场成熟运营模式，万科探索租赁市场的体系化发展路径。长租公寓同样存在行业难题，比如房源获取、客户源获取成本高，装修改造、运营管理等环节都需要大量资金投入。租金上涨空间有限，而运营成本却不断攀升，导致利润微薄甚至出现亏损。成熟的长租品牌主要依赖股权融资、银行贷款和债券发行等传统方式，资金来源不稳定。长租公寓通常采取“押一付三”或“押一付六”的收租方式，资金回笼周期长。为了快速扩张，一些企业采用“长收短付”“高进低出”的模式。2020 年在新冠疫情的催化下，住房租赁市场陷入寒冬，长租公寓出现市场转向、低温运行，经过前期运营，陆续有经营不善的长租公寓企业出现经营纠纷、资金链断裂或倒闭等情况。

4.1.2 国内房地产企业住宅品质的探索之路

通过不同模式的实践，国内房地产企业逐渐认识到转型路径存在的限制与不足，同时住宅与其他产品的跨界融合发展不仅要解决住宅产品本身的迭代进化，还需要应对新进入行业的门槛与竞争。因此部分开发企业的探索焦点重新回归住宅品质这一核心问题，相继走上了住宅品质的探索之路。

1. 绿色住宅的尝试与探索

地产行业是碳排放大户，在“双碳”目标下，绿色建筑被广泛关注。国内房地产企业也纷纷开始进行绿色住宅的探索。

2009 年招商蛇口（招商局蛇口工业区控股股份有限公司）成立绿色地产研发中心，正式提出“绿色公司”和“绿色人居”概念；2014 年，成立绿色研发与应用中心，并设立首席绿色低碳官，2016 年升级为城市研究院，并逐步形成招商蛇口低碳建造体系。招商蛇口通过大力推进装配式建筑及装配式装修的应用，整合搭建招商蛇口低碳建造体系，实现建筑全生命周期碳排放减少一半以上。同时招商蛇口还开发能耗管理平台与智慧空间 IOC（智能运营中心）系统。2021 年 4 月，招商蛇口在深圳发布的《招商蛇口供应链"碳中和"绿色质造公约》,成为全国首个房地产行业的"碳中和"绿色质造公约。截至目前招商蛇口已联合超过 50 000 家供应链上下游合作伙伴达成"双碳"目标共识。

朗诗集团实施绿色差异化发展战略的时间较早,早在 2004 年就已经锁定绿色发展方向,到 2012 年,朗诗集团提出"深绿战略",在绿色战略上向纵深发展,将探索的触角延伸到绿色地产开发、绿色建筑技术服务、绿色养老产业和绿色金融服务等领域。次年"深绿战略"全面展开,朗诗集团逐渐从单一的地产开发公司,发展为由多种业务组成的纵向一体化综合型绿色集团,拥有了更多不同业态的公司。2014 年朗诗集团在核心地产业务方向,提出了转型升级的目标——产品差异化、资产轻型化、收益多样化,其中绿色科技成为朗诗集团产品差异化的核心抓手。

伴随着建筑技术的发展与建筑材料的前沿探索,零碳、大型被动式建筑成为可能。2017 年旭辉集团在北京顺义落地的"CSC 零碳示范房",是旭辉在超低能耗建筑领域的首次尝试。2021 年,旭辉集团在上海世纪古美项目上全盘实施了超低能耗建筑设计,该项目在 2021 年 2 月顺利通过了上海市住建委超低能耗方案评审,成为上海首个超低能耗住宅项目。2022 年,旭辉集团与华熙集团共同开发运营了五棵松冰上运动中心,它是北京首批通过专家评审的超低能耗建筑示范项目,是目前全球最大的超低能耗体育建筑。同时旭辉集团在天津、哈尔滨等城市也陆续进行不同地域环境下的零碳建筑技术可行性研究。

在"双碳"目标引领下,房地产企业进行了长足探索并在项目实践过程中逐步推进绿色低碳建筑的发展,为未来人居产品在绿色建筑的基础上进行深化探索奠定了技术与实践基础。

2. 科技与住宅的融合发展与升级

新技术与新材料的发展推动了建筑科技本身的发展,也让行业的跨界融合成为可能。在移动互联时代,地产行业逐渐意识到科技在住宅中的重要性。一方面,科技可以提升住宅的舒适度、便利性和安全性;另一方面,智能化管理体系的成熟,也有助于实现节能减排、可持续发展等目标。

早在 2017 年龙湖集团就开始布局装配式技术领域,其智能化探索聚焦产业链本身的智能化。依托龙湖 BIM 数据标准、10 万+数字资产库、BIM 数字设计系统、未来城市数字孪生等数字科技体系,其建造体系可实现虚拟建造、实体智造、BIM 在线协同等全链条数字化赋能，大幅度提升了项目管理在线化、数字化水平，提高了业务协同与管理效率。

而中海集团则是充分将智能化产品与住宅产品设计和日常人居使用进行深度结合。2019 年中海集团发布“智慧生活 3.0”，通过集团研发的精工产品系，打造出适合不同家庭与人群的“智慧梦想家”，包含了“悦享空间、智慧物联、绿色科技、健康生活”四大主要方面，在社区管理上，利用科学技术，搭建了社区人行归家、家人归家、客人来访、入园监控四大智慧通行系统，在提升业主体验感的同时，实现无感、安全、快速进出。

其中，悦享空间是“会生长的空间”，不仅从户型设计上使整个空间变得更加精致和有层次感，同时更加注重日常生活中的收纳体系的规划，包括玄关、厨房、卫浴、客厅、卧室、阳台等收纳系统，实现全屋空间扩张的效果。智慧物联以 5G 为基础实现定制化全屋智能体验，包括回家模式、离家模式、睡眠模式、智慧灯光、智慧新风、智慧健康等。

中海集团携手华为联合引入 HiLink 全屋智能，打造全场景智慧生活。同时中海集团发布智慧空间联合实验室（图 4.2），集合了行业科技公司各家所长，以国产芯片、国产操作系统为核心，解决当前智慧家居在地产行业实际落地中遇到的诸多问题，如用户安全隐私问题、用户无法跨品牌选择产品等，并落地全球第一个鸿蒙智慧社区样板工程，实现智慧家居国产替代。

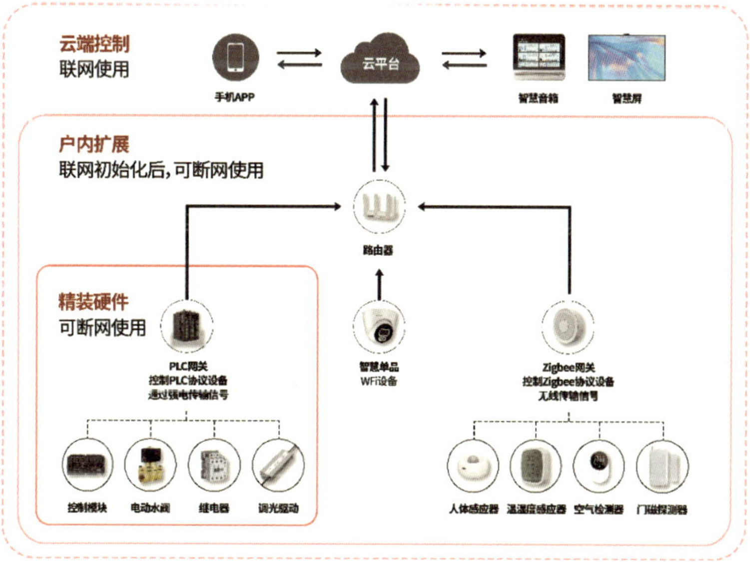

图 4.2　中海智慧空间联合实验室物联网组件示意

中国金茂从2008年开始对住宅产品进行技术升级，形成了以十二大科技系统为代表的独特技术路线，包括外墙屋面热阻隔系统、毛细管网辐射系统、高效节能外窗隔热系统、抗干扰隔音降噪系统等，在有效节约能源的同时营造出更加健康、舒适、宜居的室内外环境。金茂府项目还开发了独创的六大智慧系统，如人脸识别系统、智能呼叫电梯系统、智慧及语音控制系统等，其智能系统会记住用户的生活习惯，进行相应的环境调节。此外，其安防系统也非常出色，从电子围栏、视频监控等多个层面形成全方位立体式安防。金茂府在进入每个地区前，会调研分析当地气候、地理等特征与能源条件，因地制宜地改进内部科技系统。

科技的发展带来住宅产品的全方位升级，智能与科技建造取得跨越式发展，带动建筑管控体系与质量标准稳步提升。互联网通信技术的发展为住宅智能化提供了通信基座，智能化设备及感应元件与室内空间的融合进一步加速，多样智控、全域智联、智能安防、智能健康等设备进一步延伸发展。

3. 健康住宅的实现与创新

《"健康中国2030"规划纲要》明确指出"健康是促进人的全面发展的必然要求，是经济社会发展的基础条件。实现国民健康长寿，是国家富强、民族振兴的重要标志，也是全国各族人民的共同愿望"。"房住不炒"背景下，实现更美好、更健康的居住，既是民心所向，也是政策导向。在此背景下，健康住宅成为提升居住品质的重要方向，也成为房地产企业探索高品质住宅的必由之路。健康理念的深入人心，也使健康住宅成为地产行业满足居民美好住房需求、适应居民消费升级的必然方向。

越秀集团从岭南传统的"冷巷"中获得启发，从居住环境中最基础的风、光、热入手，逐步形成"越秀美好家YES健康人居体系"，其包含城市链（YESite）、健康宅（YES-ense）、精智芯（YESmart）、成长悦（YESocial）等四大领域，通过"与自然共栖""与身心共鸣""与家庭共生"等三大内容，形成覆盖全龄化人群的健康关照。

越秀集团运用流体力学仿真模拟技术营造舒适的微风环境，运用导光筒和采光天井相结合提供阳光地下空间，综合运用中心绿地、人工湿地、雨水花园等手段实现局部微气候调节。杭州水悦花园打造的海绵社区，当暴雨天气来临，由下凹绿地、生态陶粒蓄水层、雨水收集池完成雨水储藏，实现雨水多层次、多途径的下渗、收集和回用，完成水资源高效利用。越秀华东社区内部从运动和植物入手，对住户的身心健康产生积极影响。在社区中为各年龄段人群提供运动设施，除了儿童乐园、长者乐园之外，还设置了微汗跑道（非专业跑道）、太太花房、星空廊架、入户花园等，在景观功能与场景的设计中，引导形成健康生活方式。

中建地产作为健康住宅的匠筑者和领航者，在探索健康住宅方面进行了长足探索，精心打造的五大建造体系，涵盖 16 大核心技术以及超过 300 项的工艺细节，持续在健康住宅领域深耕。引入了七恒健康科技系统，致力于为住户提供更加舒适和健康的居住环境。七恒健康科技系统实现对空气、水、温度、湿度、光照、声音等方面的精准控制和优化，以创造一个恒温、恒湿、恒氧、恒静、恒洁、恒智、恒质的室内环境。

同时，中建地产还着力构建九大场景，以满足人们对于美好生活的多元需求。第一，绿色健康社区。打造立体垂直园林景观，提高泛绿化率，种植多种植物以净化空气、降低噪声，设置全龄休闲活动空间，鼓励人们进行户外活动和身体锻炼。第二，创新性的立体园林。采用首层抬高设计，增强通风透气性，构筑具有不同高度区域的立体园林，规划景观绿谷、会所下沉庭院和宅间下沉庭院等，增加空间感和趣味性，打造森系儿童乐园等特色区域。第三，全龄段泛会所。设置长者休闲棋牌室、儿童童趣乐园、四点半学堂等，满足不同年龄段人群的需求，提供交流、休闲、娱乐、学习、成长的空间。第四，舒适室内环境。利用高质量材料和高水平工艺，降低室内外噪声影响，保证用光品质，打造会呼吸的车库，引入自然光，减少潮湿和细菌滋生。第五，优质教育资源。与周边优质教育资源相结合，营造良好的教育环境。第六，便捷的交通出行。靠近公共交通设施，提供便利的出行条件。第七，完善的商业配套。建设集中商业综合体，满足业主的购物和生活需求。第八，智能化生活空间。通过智能家居和智慧场景的搭建，提供便捷、高效的生活方式。第九，全龄社交平台。优化邻里互动场景，创造多元空间，增进邻里之间的交流与互动。

中建地产的众多项目荣获了国际 WELL 健康社区认证、BREEAM 净零碳建筑认证、天津首个 HiH 全项金级健康标识认证、LEED-CS 铂金级认证以及中国建设工程鲁班奖等众多权威认证与殊荣（图 4.3）。例如，中建理想城通过国际 WELL 健康社区 80 项标准认证，荣获 WELL Community 中期认证和 BREEAM&莱茵净零碳认证；中建悦庐棠墅开创性地打造出天津首个立体城市墅区，将中国传统文化融入现代建筑，打造书院派园林等。

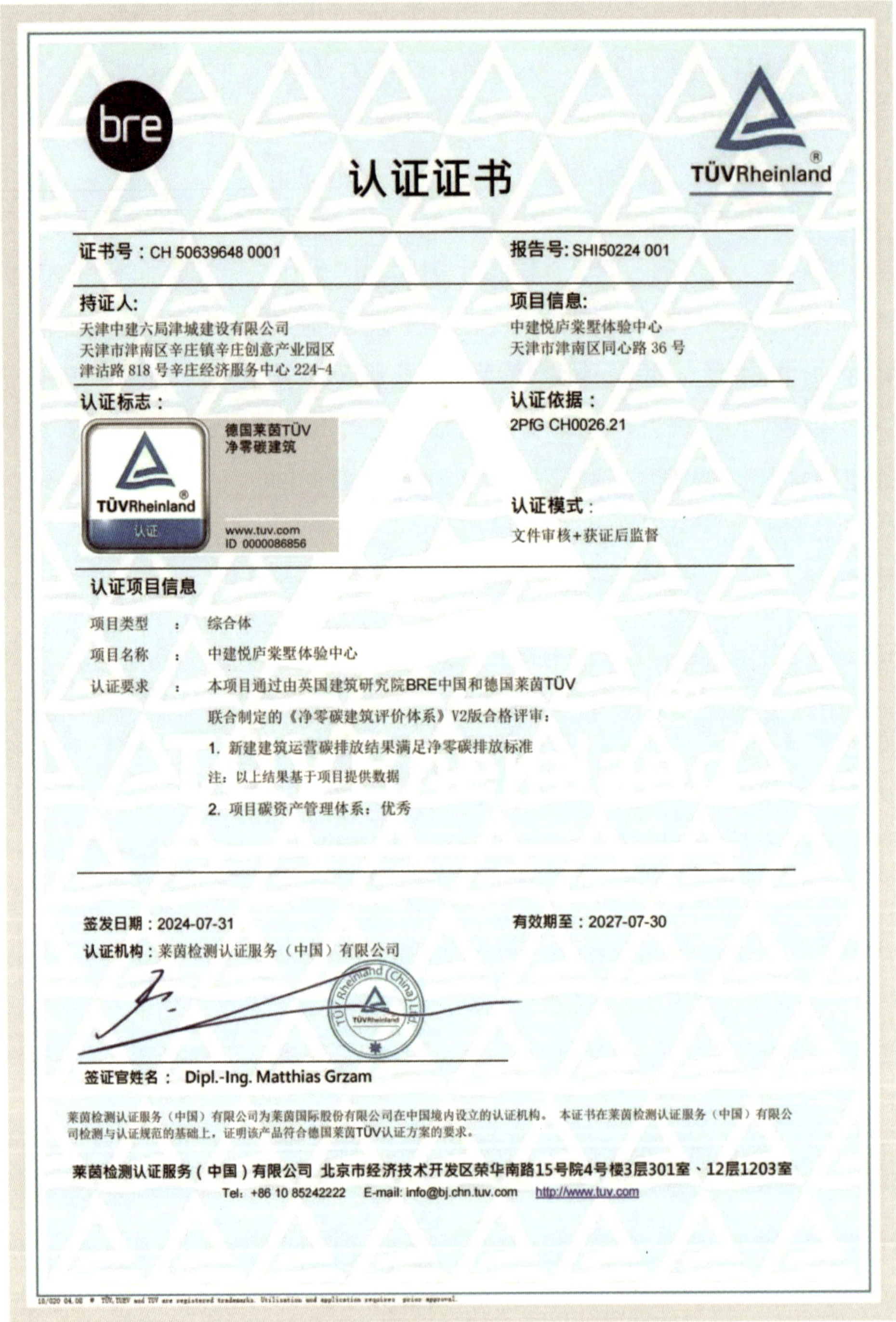

认证证书

证书号：CH 50639648 0001

报告号：SHI50224 001

持证人:
天津中建六局津城建设有限公司
天津市津南区辛庄镇辛庄创意产业园区
津沽路 818 号辛庄经济服务中心 224-4

项目信息:
中建悦庐棠墅体验中心
天津市津南区同心路 36 号

认证标志：
德国莱茵TÜV
净零碳建筑
TÜVRheinland
认证
www.tuv.com
ID 0000086856

认证依据：
2PfG CH0026.21

认证模式：
文件审核+获证后监督

认证项目信息

项目类型 ： 综合体

项目名称 ： 中建悦庐棠墅体验中心

认证要求 ： 本项目通过由英国建筑研究院BRE中国和德国莱茵TÜV联合制定的《净零碳建筑评价体系》V2版合格评审：

1. 新建建筑运营碳排放结果满足净零碳排放标准

注：以上结果基于项目提供数据

2. 项目碳资产管理体系：优秀

签发日期：2024-07-31

有效期至：2027-07-30

认证机构：莱茵检测认证服务（中国）有限公司

签证官姓名： Dipl.-Ing. Matthias Grzam

莱茵检测认证服务（中国）有限公司为莱茵国际股份有限公司在中国境内设立的认证机构。本证书在莱茵检测认证服务（中国）有限公司检测与认证规范的基础上，证明该产品符合德国莱茵TÜV认证方案的要求。

莱茵检测认证服务（中国）有限公司 北京市经济技术开发区荣华南路15号院4号楼3层301室、12层1203室
Tel：+86 10 85242222 E-mail: info@bj.chn.tuv.com http://www.tuv.com

18/020 04.08 ® TÜV, TUEV and TUV are registered trademarks. Utilisation and application requires prior approval.

图 4.3 中建悦庐棠墅获 BREEAM 净零碳建筑认证

其他房企也在健康住宅领域有所探索。例如龙光集团 2020 年提出“全芯”健康科技住宅标准体系，龙光·天曜作为临港墅质综合住区，依托天然河道规划主题景观与全

龄生活场景，在户型设计上保障通风与采光。同时，借助先进技术实现“无触碰归家社区”，并革新科技系统调节风、光、水、声和微气候。复星集团在武汉建设的复星外滩中心项目引入了包括高端医疗、健康养老、健康保险等的一整套服务，并首创“Glocal+”健康社区建设体系。中铁置业打造了武汉首个“线上+线下”的健康社区——中铁春雨健康管理中心，提供现场体检、互联网大数据健康分析、健康管理方案制定等服务。

4.2 标杆房地产企业绿色科技住宅的实践与发展

4.2.1 绿色住宅的技术产品实践与发展

在绿色住宅探索过程中，随着现代建筑科技与居住需求的深度交融，住宅环境控制系统历经多阶段革新，逐步构建起从基础环境保障到全维度健康管理的技术体系。早期，行业通过引入国际先进理念，率先提出包括室内恒温、恒湿、恒氧的集中式三恒科技系统，依托集中式系统实现环境参数的精准调节，奠定健康人居的科技基底。随着智能技术与生态理念的迭代升级，环境控制系统突破三维基础框架，延伸出涵盖空气洁净、声学优化、智慧调控的六维解决方案，形成更精细的集中式六恒科技系统。近年来，伴随个性化需求与节能意识的觉醒，系统架构进一步向分户式、模块化方向进化，通过能源端与控制端的创新重组，在保证健康的同时实现用户自主调控。这标志着人居环境科技从集中管控迈向灵活适配的新阶段。

1. 集中式三恒科技系统

集中式三恒科技系统即集中式恒温、恒湿、恒氧系统。它主要是通过辐射的方式，以取暖或制冷为主，统一为整个建筑或小区内的所有房间供冷、供热及进行新风处理。集中式三恒科技系统通常使用地源热泵作为冷热源，给毛细管网中的水降温或加热，然后通过顶面辐射的形式，将热量或冷量输送到房间，实现温度的精确控制。同时，它还会通过屋顶或地下室的新风设备，进行统一的新风处理，确保室内空气的循环和更新。

（1）恒温。指采用先进的温控技术，通过精确的控制算法和高效的热交换设备，实现对室内温度的精确调节，无论外界天气如何变化，室内都能保持在相对舒适的温度范围，避免传统住宅因季节变化导致的温度波动。

（2）恒湿。指利用湿度传感器和湿度调节设备，实时监测室内湿度并进行调节，确保室内湿度的稳定，避免因湿度过高或过低而带来不适。这对于居住者的皮肤和呼吸道健康都有很大的益处。

（3）恒氧。指采用高效的新风过滤和送风技术，将室外新鲜空气经过过滤后送入室内，同时排出室内污浊空气，实现室内空气的循环和更新，能够持续为室内提供新鲜、洁净的空气，确保室内氧气含量充足。同时，该系统还能有效过滤掉空气中的有害物质，如 PM2.5、甲醛等，营造健康呼吸环境。

2. 集中式六恒科技系统

集中式六恒科技系统作为集中式三恒科技系统的迭代产品，增加了恒洁、恒静、恒智三个方面的功能，是指通过集成多种高科技设备，如温控系统、新风除湿系统、空气净化与过滤系统等，以一个统一的系统实现一键控制，从而创造恒温、恒湿、恒氧、恒洁、恒静、恒智的室内环境，如图 4.4 所示。这种系统通常用于现代智能家居，旨在提供健康、舒适且智能的居住环境。

图 4.4　集中式六恒科技系统

（1）恒温。集中式六恒科技系统以地源热泵为冷热源，通过地源井中的地热能进行热交换，做到取热不取水，实现了高效节能的供暖和制冷。在末端设备上使用了集中的顶棚、墙面、地面辐射系统，采用混凝土埋管辐射或毛细管网辐射的方式，将热量或冷量均匀地辐射到室内空间，实现温度的精准控制。与对流换热相比，辐射换热的方式使室内温度场更加均匀舒适，不存在温度死角的情况。故系统通过辐射换热的方式保证全年室内温度在 20~26 ℃，让居住者远离温差过大的困扰，享受四季如春的舒适体验。

（2）恒湿。集中式六恒科技系统凭借其先进的集中式组合式新风系统，精准地调控着室内的湿度水平。该系统巧妙利用楼顶或地下车库的优越位置，安置高效运行的集中新风机组，对进入室内的空气进行精心处理，通过微雾加湿系统，在置换新鲜空气的过程中，设有专业的加湿除湿系统，全年营造出舒适的室内相对湿度：冬季不低于 30%，夏季不高于 70%，防止干燥多风气候下带走身体的水分，克服潮湿天气的闷热及细菌滋生，真正实现冬日润泽、夏日清爽。这一举措不仅极大地提升了室内环境的热舒适度，还间接促进了能源的节约与环境的保护，为居住者打造了一个既健康又节能的理想生活空间。

（3）恒氧。集中式六恒科技系统设置了初效、中效、高效的三级过滤装置及双级静电除尘装置，有效去除了室外空气中的 PM2.5 及 PM10 等颗粒污染物；并通过 365 天 24 小时不间断的置换通风系统，下送上排，有效排出室内污浊空气，实现全屋净化，舒缓灵动，没有强烈的扰动对流。

（4）恒洁。集中式六恒科技系统通过高效的空气净化技术，过滤掉空气中的有害物质，有效去除甲醛、TVOC 等有害气体，保持室内空气的洁净度，这对于新装修的房屋尤为重要。它从源头上避免了室内空气受到室外粉尘、颗粒物以及室内装修污染的影响。除了空气的洁净，水质的洁净在室内健康中也同样重要。该系统从水质方面进行把控，通过双重甚至三重过滤去除掉水中的杂质，保证人们的饮水健康。

（5）恒静。该系统采用了毛细管网辐射系统，全面而彻底地替代了传统的 VRV 中央空调，彻底去除空调室内机与风机，使得温度调节过程变得极为宁静，用户不再受到任何噪声的侵扰。在新风处理方面，它摒弃了传统的上送风、上回风模式，创新性地引入了置换通风系统，实现了下送风、上回风的全新空气流动方式。这一变革不仅使得新风出口的风速大幅降低，几乎达到了无声无息的程度，更彻底消除了传统新风系统可能带来的吹风感，为用户打造了一个既宁静又温馨，且空气流通顺畅的居住环境。在这样的环境中，用户可以真正感受到身心的放松与舒适，享受高品质的生活体验。

（6）恒智。该系统深度融合了智能化管理，利用先进的人工智能算法，实现了对室内环境的精准感知与动态调控。它不仅能够实时监测室内温度、湿度及氧气含量等关键指标，还能智能分析这些数据，自动调整毛细管网系统与新风系统中各阀门的开启程度，确保室内环境始终处于最适宜、最健康的状态。这一智能调节机制高度灵活，能够无缝适配多样化的户型结构与使用场景，无论是宽敞的豪宅还是紧凑的公寓，其都能实现个性化的环境优化，为用户带来前所未有的舒适体验与智能化的生活享受。

3. 户式六恒科技系统

户式六恒科技系统在健康维度上与集中式六恒科技系统一致，均从温度、湿度、氧气含量、空气品质、噪声、智能化六大维度进行打造。但相比于集中式六恒科技系统，户式六恒科技系统在能源端及控制端进行了调整。户式六恒科技系统在每户使用空气源热泵作为冷热源，可单独进行控制。这意味着每个家庭都可以根据自己的需求来调节室内的温度、湿度等环境参数，实现个性化、灵活化的环境控制。相比于集中式 365 天 24 小时开启，分户式系统可根据业主实际需求进行开启使用，避免不必要能源浪费，且分户式系统的所有权在业主，故业主可根据自身需求进行定制化调控。

4. 绿色住宅产品的再探索——“自由方舟”

“自由方舟”系统是由朗诗绿色科技推出的绿色住宅新产品，实现了在健康住宅领域全方位的焕新与升级。所谓的“自由方舟”，即产品采用“集中能源+户内系统”相结合的形式，利用六恒技术，突破性地实现了温度自由、湿度自由、新风自由、声光自由、预约自由、智控自由、用能自由、空间自由等八大自由。

“自由方舟”在健康舒适方面有很多项升级，比如开窗通风是预防病毒的有效途径，但常规的新风系统存在噪声、交叉感染、吹风感强等弊端，“自由方舟”的新风系统，采用下送上排方式的置换式新风，不混风，而且每户独立，有效避免了交叉感染。户内无须外机，可以避免户内的噪声和空间浪费。“自由方舟”的新风系统还有温度、湿度的调节功能，有助于减少有害物质的传播，同时“自由方舟”的新风系统可开关、可调节、可远程预约，实现智能化的控制。

当天气炎热时，传统住宅少不了使用空调，但传统空调吹风感强，容易引起感冒，还容易积灰、滋生霉菌，噪声大，而“自由方舟”不存在这些问题。“自由方舟”产品提供了四种运行模式，温度、新风、亮度指标都可以智能化调节，室内配有六合一的传感器，智能控制每个房间的各项指标。用户可以通过手机 APP 对其远程控制和预约，使用起来更加便捷、更加智慧、更加舒服，系统效率更高，响应更快，更加灵活。小区集中式的供能，解放了建筑设计和装修限制，让户型和室内装修更加个性，各项系统可开关、可调节、可计量，支持客户的行为节能。

在温湿度控制上，“自由方舟”系统采用先进的表层辐射制冷制热技术，确保室内温度均匀，无吹风感，让居住者享受四季如春的舒适体验。同时，湿度自由功能通过高效除湿手段，保持室内湿度在舒适范围内，有效避免潮湿带来的不适和霉菌滋生。

新风系统是“自由方舟”系统的一大亮点。该系统采用下送上排的方式，使新风单进单出，杜绝户间串风，能够高效过滤粉尘、PM2.5 等有害物质，最快 1 小时置换 1 次全屋空气。新风量和新风的换气频率可多挡调节，源源不断地为室内提供健康空气，让居住者无须开窗也能享受清新自然的呼吸环境。

在声光控制方面，“自由方舟”系统采用 LOW-E 中空双层玻璃和同层排水系统，有效隔绝外界噪声和强光干扰。同时，设置外遮阳卷帘系统，为居住者营造宁静、舒适的居住氛围。此外，系统还支持智能控制，用户可以通过手机 APP 或专属户式控制系统，一键切换家居设备的运行状态，实现远程操控和智能化管理。

除了上述功能外，“自由方舟”系统还注重能源的高效利用和节能减排。系统采用集中式能源供应方式，结合户内独立新风系统，在满足个性化调节需求的同时，实现最大限度的行为节能。

“自由方舟”系统在住宅产品中的应用是朗诗绿色科技的实践落地，在整体的绿色科技体系建设上，朗诗以朗诗绿色科技专业机构为依托，进行广泛的技术整合与服务整合，构成朗诗独特的技术+服务体系。运维团队同时对外提供绿色科学技术与服务体系的输出，从专业服务、产品方案、项目设计、施工管理到系统调适、运维管理等在多个维度进行 360 度全过程有效管控，形成企业的新业务增长点。

技术方面，朗诗绿色科技利用前沿技术通过读建筑物的室内居住环境可以进行空气质量、温度、湿度的模拟仿真，以此提升不同地理条件下室内环境调节的精准性。对建筑物不同使用场景、空间的室内气流组织与大气环境、光环境、辐射环境进行系统模拟，以构建更为精准的分区控制体系。社区整体的能源结构及使用负荷同样可以进行分时段模拟，以服务于整体的能源体系的智能化配置。在专业模拟基础上，朗诗逐步形成了自身的专利体系，包括控制系统、控制设备模块以及不同维度的检测、工艺工法在内的完整体系。

在服务朗诗自身的开发项目之外，其朗绿科技同样以轻资产模式输出服务与管理（图 4.5）。在建筑运行初期，对应建筑的实际负荷状态以及使用者的需求反馈，对建筑整体的运行状态进行分析与诊断，通过低成本的精细化技术手段和管理措施，达到提升建筑运行效果、持续降低能耗的目标。实际投入运营阶段，根据室内外实时温湿度，发布系统运行指令；工程师 24 小时值班，指导项目调整运行状态，控制风险；调度中心对每月、每年能耗进行分析,持续优化节能策略。

图 4.5　朗诗绿色科技服务体系

智控机房采取负荷运算、智能控制、远程监视,避免人员干预,实现自适应无人值守,降低操作风险;管理者可通过集中管理平台的图形化界面对所有设备进行操作、管理等,系统适时向管理者报告各种运行状态和运行参数,有效提高管理水平和工作效率。

4.2.2　科技住宅的技术产品实践与发展

科技住宅产品的初代载体以整合恒温、恒湿、恒氧等形成的八大科技系统为代表。在发展的过程中,产品不断迭代升级,力争从温度、湿度、空气、阳光、噪声、水六大基本生命元素出发,打造出恒温、恒湿、恒氧的舒居环境,形成包括地源热泵系统、毛细管网温度系统、全置换式新风系统等的十二大科技体系。近年来,科学技术架构进一步向多维服务延伸,整合协同美学设计、社区配套与服务体系等要素,推动科技住宅迈入全场景服务新阶段。

1. 八大科技系统

(1)生态空调系统。

地源热泵与毛细管网共同组成了生态空调系统。地源热泵系统冬天从地下换热管中提取能量送达室内,夏季将室内热量通过封闭水循环排放到土壤中,并从地下换热管中提取热量加热生活用水。生态空调系统未使用空调暖气,而采用传热均匀、体感舒适的毛细管网天棚辐射系统。毛细管网和室内表面的装饰层相结合,就像皮肤中的毛细血管一样柔和地调节室内温度。

(2)置换式独立新风系统。

普通住宅制冷加热空气内循环带来的空气质量低,置换式独立新风系统采用 24 小时置换式全新系统,对室外新鲜空气过滤除尘、加热降温、加温除湿后,送入客厅、卧室、书房和餐厅。新风徐徐上升,将人体汗味以及其他污浊气体排出到室外,保证厨房、卫生间排风,提供的新风送风量约达 300 立方米/小时。

(3)低能耗系统。

低能耗系统大面积采用太阳能照明系统,避免了开沟埋线,且不消耗常规电能,又因不污染环境,而被称为绿色环保产品。在外墙保温方面,外墙厚 30~40 cm,使用 8 cm 以上的挤塑聚苯板,可以采用空气层减弱热传导,并使用断桥处理降低连接金属构件的热损失。虽然成本有所增加,但是之于房子,作用是减弱了热传导,隔绝了室内外的热交换。

(4)降噪系统。

降噪系统由台地景观降噪、墙体加厚、三层中空双银 LOW-E 窗体(外层窗加厚设计)、同层排水(吉博力管材)、空调末端毛细管网设备降噪、设备间降噪、电梯井降噪、水管管材降噪等几部分组成。

(5)同层排水系统。

先进的同层排水技术配合吉博力品牌管材,将可能出现的噪声控制在 25 分贝以下,低于人耳能够分辨的音量,打造静谧的居住环境。

(6)智能家居系统。

住宅配合网络通信技术、音视频技术、综合布线技术,并配置内窗电动窗帘系统,让客户可以根据自己的喜好,设置家庭情景模式控制系统。智能家居系统还具备安防、远控、场景选择、户内呼梯、信息提示、网络覆盖、燃气泄漏报警、安全隐患提示等功能。采用一键总控,即使是孩子或者老人也可以轻松使用。

(7)新媒体系统。

新媒体系统,通过卫星电视、室外声环境系统、信息发布系统、电子锁等尖端科技,营造一个全面契合人类五感的立体居住环境。

（8）安防系统。

安防系统，包括一卡通门禁、可视对讲、闭路电视监控、电子巡更、周界报警红外二线报警、火灾自动报警及消防联动、可燃气体探测器、紧急呼救按钮等技术系统，涉及从防盗、防火、防煤气泄漏到意外求助等各个方面。

2. 十二大科技体系

从八大科技体系升级为十二大科技体系，主要是通过科技系统的组合，着重解决居住生活中六个方面的痛点问题——温度、湿度、阳光、空气、水、噪声（图 4.6）。

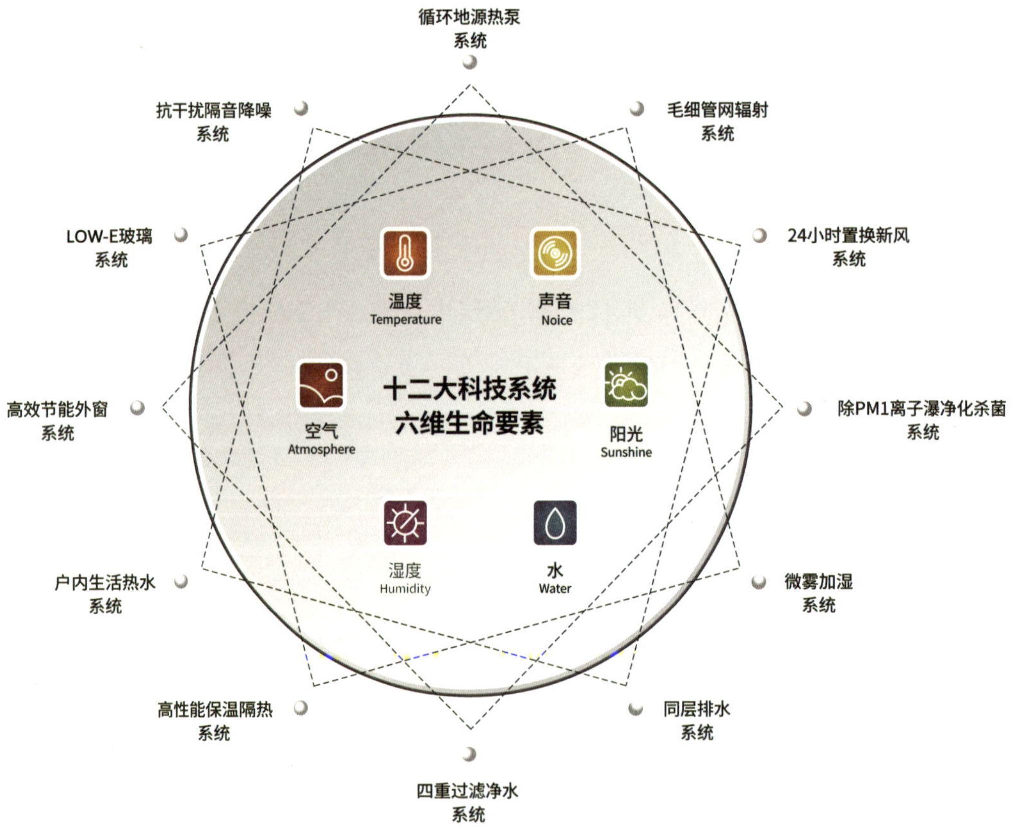

图 4.6　十二大科技体系与六维生命要素的关系

（1）循环地源热泵系统。

地源热泵利用土壤深处的恒温特性（全年保持在 16 ℃左右），将 U 形管道深埋在地下 130 米的土壤中，通过在地表下 130 米恒温场进行冷热源交换，夏天向地下释放热量向住户供冷，冬天从地下吸收热量向住户供热，实现能量的平衡转换。

（2）毛细管网辐射系统。

毛细管网辐射系统与循环地源热泵系统是相辅相成的两个系统。利用仿生学原理，模拟植物的叶脉和人体皮肤下的血管，将德国进口 PPR 管铺设在房屋的顶部和部分侧墙的装饰面层内，以脱氧软水为介质，冬季供暖夏季供冷，维持室内温度的恒定。冬天室内温度 20~22 ℃，室内温暖但不燥热；夏天室内温度 24~26 ℃，室内凉爽但不寒冷。

毛细管网辐射系统配合高效保温外墙、循环地源热泵系统、24 小时置换新风系统，使室内始终保持使体感舒适的温湿度，降低健康风险。并且毛细管网辐射系统还具有无噪声、无风感、温度均匀等优点，同时更加绿色、清洁、无污染、节省空间，使用寿命长（图 4.7）。

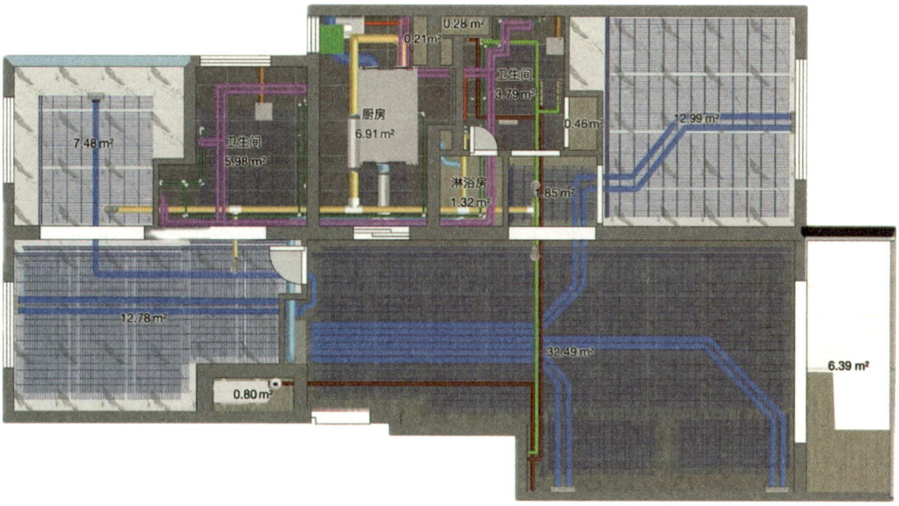

图 4.7　毛细管网辐射系统示意

（3）24 小时置换新风系统。

常见的新风系统的送风口和排风口一般在屋顶，而 24 小时置换新风系统的进风口和排风口是独立的，采用了下送上排的方式：较冷的新鲜空气沿着地面扩散，形成空气层；室内热源在浮力作用下，形成向上对流，将室内热浊污染空气由房间顶部排风口排出。每天换气次数达到 14~17 次，空气置换的效率更高，而且污浊空气和新鲜空气不会交叉，也没有污染。新装修的房子，容易有甲醛、苯等超标情况，而且其挥发是持续性的。该系统将源源不断地送入室外新风，有效排出室内污浊空气（图 4.8）。

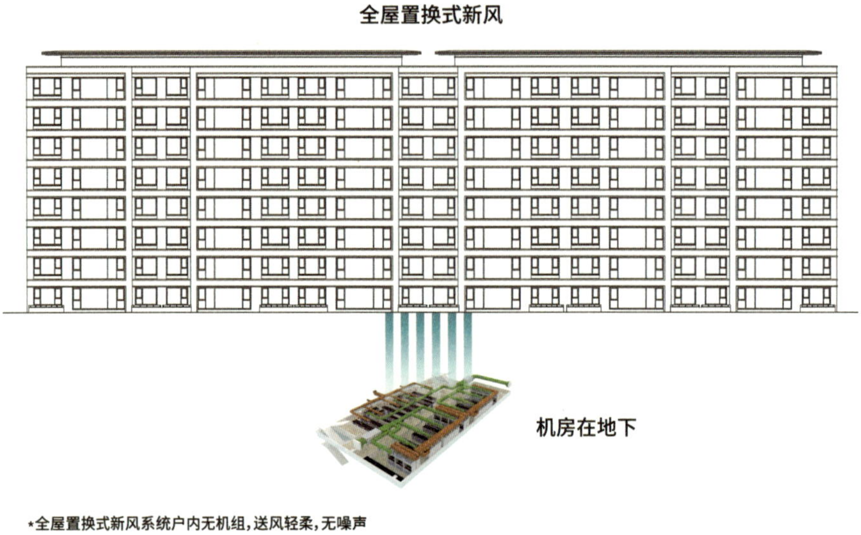

图 4.8　24 小时置换新风系统示意

（4）除 PM1 离子瀑净化杀菌系统。

原本的新风系统以过滤为主，升级后引入除 PM1 离子瀑净化杀菌系统，当空气进入离子瀑室，超量正负离子瞬间释放，形成强大的离子场，高速定向运动的离子将细微粉尘直接推向收集壁（无论粉尘是否荷电），再利用不停机定时水清理，将收集壁收集到的污染物清理干净。针对厨卫的环境问题，采用了分散式排风技术，将集中式排风系统中的一个集中排风井改变为在厨卫设置多个排风井，能够改善厨卫等重污染空间的空气洁净度和温度舒适性（图 4.9）。

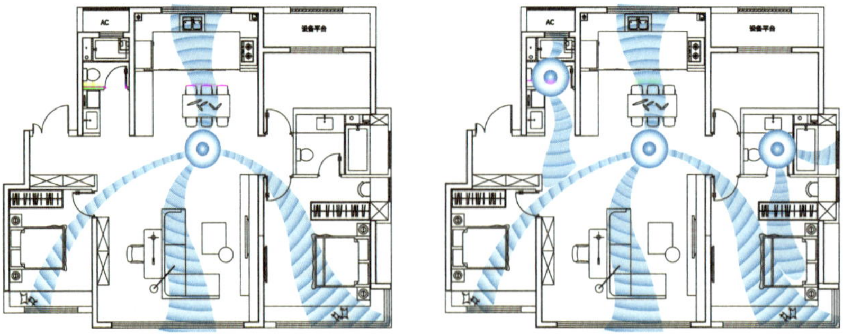

图 4.9　集中式排风（左）和分散式排风（右）

（5）微雾加湿系统。

在置换新鲜空气的过程中，微雾加湿系统能全年营造出舒适的室内相对湿度：夏季利用双冷源组合式新风机组，使室内湿度不大于 70%；冬季利用高压柱塞泵将软化水水压提高，使室内相对湿度不低于 30%，克服潮湿天气的闷热及细菌滋生。

（6）同层排水系统。

卫生间排水支管管道集中布置于本层套内，不再穿越楼板，维修、检修均在本层内解决，避免邻里纠纷；同时，隐蔽式安装技术能大大降低卫生间排水噪声，将排水声控制在 38~42 分贝。

（7）四重过滤净水系统。

设置"前置过滤器 + 末端净水机"净水系统，以 100 微米的精度层层过滤，有效去除源水中的有害物质、杂质，保障生活用水的洁净，末端净水直饮系统同步欧洲的直饮标准。各入户给水管道上安装前置反冲洗过滤器，过滤精度高达 90 微米；厨房末端配置的直饮水设备，采用熔喷聚苯烯+医疗级别的尼龙打褶膜+高性能烧结活性炭棒三级过滤。地漏设置硅胶防臭膜，隔膜与芯子内壁形成密封，不仅阻挡臭气从管道进入卫生间，还可以延缓水封的蒸发，避免了地漏水封失效造成病毒传播及返臭问题。

（8）高性能保温隔热系统。

为了使室内有较稳定的温度、湿度、氧气含量等，在外墙、屋顶、地面增强了热阻隔系统，使整个建筑的保温隔热性能远高于当地住宅建筑节能标准。采用断桥铝合金型材与双层中空 LOW–E 玻璃，有效地阻止紫外线和红外线等不可见光，既使射入室内的阳光满足室内照度要求，又有效阻挡夏季的辐射热。

（9）户内生活热水系统。

户内生活热水系统采用大功率即热式燃气热水器，配备智能热水循环装置，降低用水的热响应时间，提高用水舒适度。

（10）高效节能外窗系统。

通过外窗隔热系统降低能量传导，避免冬寒夏热，舒适环保。

（11）LOW–E 玻璃系统。

外墙、地面采用热阻隔系统，玻璃采用双层中空 LOW–E 玻璃，里面充氩气，内表面镀 LOW–E 膜，有效提升外窗的保温隔热性能，有效降低室外阳光中的紫外线的影响，例如三层双中空 LOW–E 玻璃（图 4.10）。外窗采用三层双中空 LOW–E 玻璃，能防外界空气渗透，有效隔离室外噪声干扰。

（12）抗干扰隔音降噪系统。

抗干扰隔音降噪系统，从设计到材质进行层层降噪，营造出宁静的居住空间，使室内分贝达到35~45分贝（标准环境下）。关于降噪，特别要说的是，抗干扰隔音降噪系统将大量的设备集成在地下，为了降低噪声和避免共振，经过对国内外各种先进技术的筛选，选定了粒子阻尼技术作为隔振技术，相比常规隔振器，该技术可有效降低设备的固有频率，隔振效率可达到99.5%。

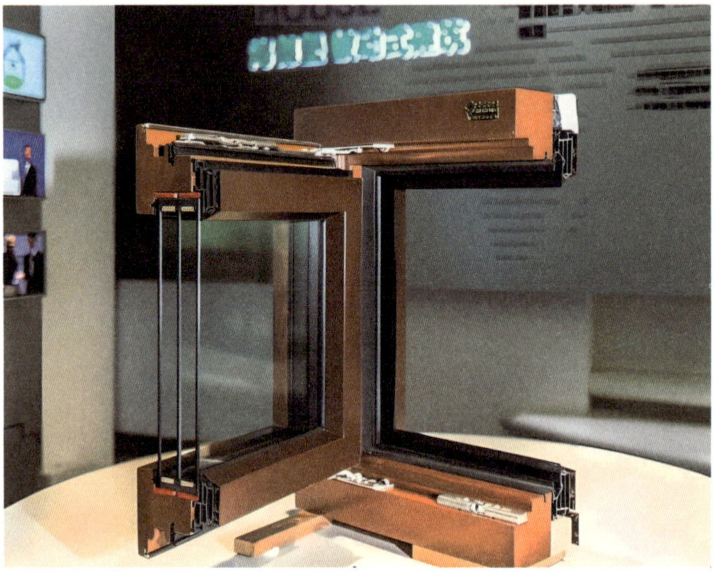

图4.10　三层双中空LOW-E玻璃和铝包木做法

3. 科技住宅产品的落地升级——“一核四美两配套两服务”

在传统科技系统的基础上，中国金茂聚焦“一核四美两配套两服务”九大方面全面升级。

“一核”是利用科技硬核，继续深度进阶十二大科技体系与五恒科技等技术核心，以对生活的深入洞察，打造更适合中国人的健康智慧社区。

“四美”即“社区四美”，在公区提升、景观优化、精装颜值及户型创新上发力，建造颜值更优、功能更强的“四美社区”。

“两配套”是指洞察当代青年对美好生活方式和邻里社交、商业氛围等的真实需求，充分应用中国金茂的服务运营和商业资源能力优势，为业主提供更好的会所体验。

“两服务”则是通过高标准生活服务和圈层服务全面满足客户需求。

基于上述理念，中国金茂提出了金茂府3.0产品体系，将产品升级的视野从房子延展到社区，将设计思路从住宅拓展到财智人群熟悉、偏爱、向往的国际化高端酒店，为客户带来“自然生长的社区”和更多酒店式的高品质生活和服务细节。

金茂府 3.0 以现代东方美学重构建筑立面，通过将大面积玻璃幕墙与石材、金属线条融合，形成“全面屏光幕”的雅奢风格，并基于高端酒店标准打造环岛落客区、双层挑高入户大堂及地下车库六模块体系，强化归家动线的仪式感与空间品质。园林景观突破性融合传统合院礼序与游园理念，构建多维度景观轴线及沉浸式生态格局，实现自然与人文共生；户型创新则以跑道阳台、酒店式主卧套房、LDKB（客厅—Living room，餐厅—Dining room，厨房—Kitchen，阳台—Balcony）+X 场景共融、高窗地比设计等为核心，结合前沿收纳工艺与智能家居系统，延伸室内外交互体验。

产品升级聚焦“理性科技+感性服务”双核驱动，在延续绿色科技体系基础上，通过私属会所（含全龄活动空间、四泳道恒温泳池）、社区商业配套（咖啡店/花店/书吧）及精细化物业服务，构建“自然生长的社区”生态。相较于竞品单点技术突破，金茂府 3.0 以建筑科技为基底，系统性提升公共空间品质与长效运营价值，推动居住空间与城市生活的深度连接，形成涵盖设计、服务、生态的全维度竞争力。

4.3 中建地产健康住宅的实践与创新

绿色科技住宅技术和产品在特定客户群体中享有较高知名度与吸引力，同时也存在以下发展机遇。

（1）主要产品最适宜的人居环境大多匹配老人和儿童的居住需求，在年轻人的个性化需求方面仍有待开发。

（2）商品住宅的装修从一代升级为二代经历了漫长的过程，因此从二代精装修到绿色科技住宅的普及也需要市场适应的缓冲。对新事物、新科技接受度较差的老年人，在科技系统的使用上可能会存在适应障碍。

（3）现有典型绿色科技住宅的理念和技术都是从国外引进的，当市场对绿色科技住宅的需求日益增加，其他公司也能很快引进及模仿，市场进入壁垒不高，特色不够鲜明。

中建地产作为全球规模最大的投资建设集团之一——中国建筑集团有限公司的全资成员企业，在健康住宅领域的探索，立足自身特色，借鉴国内外健康住宅发展成果，提出健康住宅建设与研究的新内容。中建地产结合中建六局提出的“五个建造体系”围绕精益、人文、绿色、智能、科技等方面充分挖掘客户关注的敏感点，匠心打造七恒科技健康住宅体系，旨在全方位提升居住者的生活品质；构建未来社区九大场景，使业主在社区中获得更丰富的体验。虽然起步较晚，但是快速布局、快速迭代、紧抓行业发展趋势，诸多先进理念与创新实践，展现出央企地产在新形势下的智慧与力量。

4.3.1 城市经典："五个建造体系"初探

1."五个建造体系"的建立背景

地产行业经过二十余年的高速发展，竞争日趋白热化，依靠土地、人口、政策红利获取高额利润的情况一去不复返。同时住宅产品同质化日趋明显，城市面貌、产品千篇一律，房企在这样的市场环境下通过常规的产品和管理手段无法杀出行业的红海，只能陷入价格战的恶性竞争，这将会对企业的长远发展产生根本性的破坏。在市场持续下行的环境下，传统的经营模式已无法支持企业在激烈的市场竞争中长久发展。

从客户端来看，市场与客户日趋成熟，对住宅产品的需求已不限于常规的户型和景观环境，工艺精湛的产品、配套完善的社区、体现人文关怀的居住空间、安全便捷的智能化生活场景、绿色健康的生活环境、高科技的居住体验成为业主对美好生活的新追求。

从产品端来看，近几年来国内住宅开发理念的迭代周期越来越短，产品更新换代速度越来越快。激烈竞争促使房地产企业持续进行创新，以应对市场的变化。只有不断创新变革，主动拥抱市场，与客户需求同频共振，才能保持持久发展，做到基业长青。

2."五个建造体系"的构成

"五个建造"是中建六局"十四五"期间提出的新发展理念，核心思想是充分发扬工匠精神，打造以精益建造为根本、绿色建造为支撑、智能建造为方向、科技建造为引领、人文建造为灵魂的"5 C"体系，进而提升企业基础管理水平，建立独有的差异化、综合性竞争优势，避免低水平发展、同质化竞争，进一步增强企业核心竞争力。通过对"五 C"体系的深度融合与创新实践，中建地产持续推进"匠造健康幸福家"的价值落地，不断探索高质量人居的实现路径（图 4.11）。

中建地产以中建六局提出的"5 C"体系为核心思想，结合房地产市场未来发展趋势、市场和客户不断增长的居住需求，围绕精益、人文、绿色、智能、科技等方面充分挖掘客户关注的敏感点，建立具有中建地产特色的"五个建造体系"，沉淀形成 16 项核心技术、300 余项建造细节的体系化成果，从理念到实施细节全方位打造产品竞争力（图 4.12）。

图 4.11　匠造健康幸福家

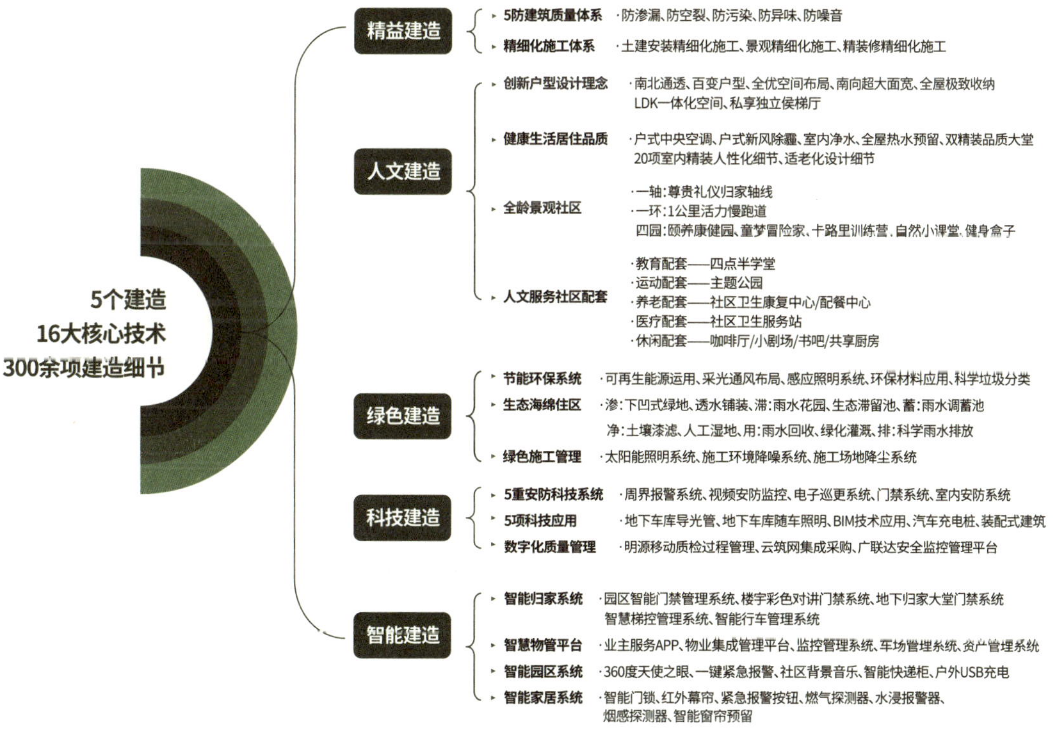

图 4.12　“五个建造体系”

（1）以精益建造为根本。精益建造是将精益思想在地产行业加以改造和应用，彻底消除建筑开发过程中的粗放性和浪费，最大限度地满足业主要求，提供高质量产品的工程建设行为。企业生存、发展的根基是质量，房屋的建造质量是关系国计民生的大事。针对严重影响客户生活质量的渗漏、开裂、异味、污染、噪声等核心问题，中建地产从施工选材、工艺工法等环节严格把关，选择质量可靠、绿色环保的建筑材料和工艺成熟、施工质量可靠的工程做法固化为 70 余项具体措施，从防渗漏、防空裂、防污染、防异味、防噪声五个维度形成“五防”体系。防渗漏体系重点从外墙、外窗、屋面、厨房、卫生间、地下车库等几个层面提供全面、可靠的构造措施和施工工艺；防空裂措施解决了墙面、地面、精装修的空鼓开裂等质量通病；防锈碱、防空气污染、防固废等措施有效解决室内外环境污染问题；针对厨房卫生间风道、下水管道异味问题通过增加防范措施和采用特定工艺构造，实现多重物理隔离；通过加强楼板、门窗、管道、电梯、机房等部位的隔音措施，全面降低噪声对生活起居的侵扰。同时，针对土建、设备安装、精装、景观等最易出现质量问题的几个施工板块，结合以往的工程实践经验，总结出 60 余项精细化施工标准，解决了工程建设过程中的品质管控问题，确保建筑质量稳定可靠。

（2）以人文建造为灵魂。人文建造指在建设过程中重视文化体现，在产品全生命周期中贯彻以人为本的建造理念，促进建筑相关方和谐共生。居住者对住宅的要求已从常规的物质需求，逐渐向精神层面的需求转变。现代住区不但要为业主提供质量可靠、使用舒适的产品，同时更应使社区成为居住者心灵的港湾，实现社会的归属与身份的认同。为此，中建地产从人文服务配套、室内健康生活、人性化的细节处理、全龄的景观环境、创新的户型设计等方面全方位体现对人性的关怀、对居住者的关爱。一是根据业主需求打造社区书吧、四点半学堂、咖啡厅、共享厨房、小剧场等多维配套，为业主提供了社会交往、身心交流的场所；由专业灯光篮球场、健身 BOX、移动餐车、休闲草坪广场、儿童活动区组成的运动主题公园满足了现代人注重运动健身的需求；社区配餐中心、卫生康复中心为老年人的生活与健康提供细心的服务。二是使用中央空调系统、室内新风系统、净水系统、全屋热水系统为业主打造健康舒适的室内生活环境。三是通过入户、起居、厨卫等空间人性化的细节处理从细微处体现对业主的用心。兼顾安全性、便捷性的适老化、精细化设计细节为老年人生活起居提供全天候的关怀。四是社区会客厅、自然小课堂、全年龄段运动场所、社区微气候调节系统组成的全龄景观环境满足各年龄段人群对室外生活的需求以及融入社区大家庭的渴望。五是功能丰富、面积紧凑的户型，超大面宽会客厅、LDK 一体化客餐厨设计、功能完善的主卧套房、丰富的室内收纳空间等创新户型设计为客户提供高品质的居住空间。

（3）以绿色建造为支撑。绿色建造指按照绿色发展的要求，通过科学管理和技术创新，采用有利于节约资源、保护环境、减少排放、提高效率、保障品质的开发方式，实现人与自然的和谐共生。随着绿色环保理念日益深入人心，客户对绿色健康生活的需求越来越迫切。针对室内居住环境、建筑选材、能源利用、社区环境、施工管理等客户关心的问题，中建地产从可再生能源利用、环保和节能材料设备使用、海绵城市建设、装配式建筑技术利用、绿色施工等方面打造绿色住宅建造标准。

一是在可再生能源利用方面，所有住宅均配置太阳能热水系统，地下车库公共区域设置导光管系统，小区内部采用太阳能照明灯具，全区引入市政中水，减少水资源消耗；二是在环保和节能材料设备使用方面，采用绿色环保的建筑材料，所有住宅外窗均采用满足“四部节能”标准的三玻两中空 LOW-E 断桥铝合金窗，住宅公共区域采用感应照明灯具，地下车库采用智能随车感应照明系统，社区垃圾分类按照环保四类标准设置垃圾桶；三是在海绵城市建设方面，通过透水铺装、下沉绿地、雨水花园等设施，实现对雨水的渗、滞、净、用，降低了 70% 的地表径流水量，涵养土壤的同时有效减少水分流失；四是在装配式建筑技术利用方面，采用 50% 的高比例装配率，大幅减少施工现场的湿作业和二次加工量；五是通过设置太阳能路灯、节能灯具、太阳能热水器等装置，利用可再生能源，减少 10% 的能源消耗。通过上述举措最大限度为客户打造健康舒适的室内居住空间，以及和谐、友好、可持续的社区环境，提供高品质的健康居住体验。

（4）以智能建造为方向。智能建造指面向产品全生命期，构建基于互联网的产品信息化应用平台，实现人工智能与客户生活需求的深度融合 。人工智能已成为未来社会发展的一个主要趋势，智能化技术的普及为人民生活带来越来越多的便利，也提高了生活的品质。对于居家生活、安全出行、社区环境、物业管理等与客户生活息息相关的方面，中建地产从智能家居系统、智能归家系统、智能园区系统以及智慧物管平台四大维度进行建设。智能家居系统方面，智慧网关、一键呼梯、智能窗帘、新风空调智能控制为居住者的生活起居提供了充分的便利，智能门锁、红外探测器、智能报警按钮、水浸报警、燃气烟感探测等各类监测系统保障室内环境的安全。智能归家系统在园区、楼栋、地下大堂设置门禁、梯控系统，方便客户出行的同时，提供充分的安全保障。智能园区系统设置天使之眼、户外智能充电、园区紧急呼救、智能储物柜等设施，满足客户社区活动的各种需求。以业主 APP、监控、门禁、车辆、物业管理系统构成的智慧物管平台使园区的物业管理和服务更便捷、更高效。

（5）以科技建造为引领。科技建造指利用有效的科技手段服务产品建造全过程，打造科技创新型产品，提升自主创新能力，确保产品保质保量地达成各项科技指标。随着地产行业的整体发展，科技在住宅建设中发挥的作用也越来越显著。针对居住者在住宅使用中对科技应用的需求，中建地产从安防系统、工程建设与功能应用、数字化质量管理方面进行了规划。采用数字技术产品实现全区防范功能，时刻为客户提供全面的安全保障。周界报警、视频监控、电子巡更、门禁管理、室内安防等形成五重安全防范系统，提供全方位的安全管理；装配式建筑、BIM 设计、光导管、充电桩等多项科技应用增强了客户的科技体验和生活感受，项目建设实现绿色、高效的建造，提高了施工质量和环境保护水平；同时广泛引入移动质检、第三方检测平台及云筑网采购系统，在项目管理过程中充分发挥数字化平台的作用，提高建设质量、实现高效施工管理。

“五个建造”体系化成果自 2021 年研发成功后即应用于中建地产开发的建设项目，并在应用过程中随着产品的演变而不断地更新迭代，持续丰富体系的内涵和完善相关标准。目前该体系已成功应用于中建地产开发的中建展望、时代公园、海河陆号院、悦庐学府、理想城以及悦庐棠墅（图 4.13）等住宅项目，其以人为本的理念和精益求精的建造标准获得了同行和客户的高度认可，极大地提高了中建地产产品竞争力和市场影响力。

图 4.13　中建悦庐棠墅实景

4.3.2 精品人居:健康住宅标准引入

1. 中建地产健康住宅标准引入

中建地产结合国内外健康住宅发展背景,结合《健康住宅评价标准》,创造性提出健康住宅建设与研究的新内容,从保障健康向促进健康迈进,探索健康中国战略下我国人居环境的发展方向。根据最新研究成果,基于使用者的健康痛点及使用体验,从居住健康需求层次理论角度出发,住宅的健康性能可归类为六大关键点:空间舒适、空气清新、用水卫生、环境安静、光照良好、健康促进(图 4.14,具体细分指标和内涵阐释可见第二章)。中建地产针对这六大关键点深入探索,打造的中建·展望项目获得 HiH 全项金级认证。

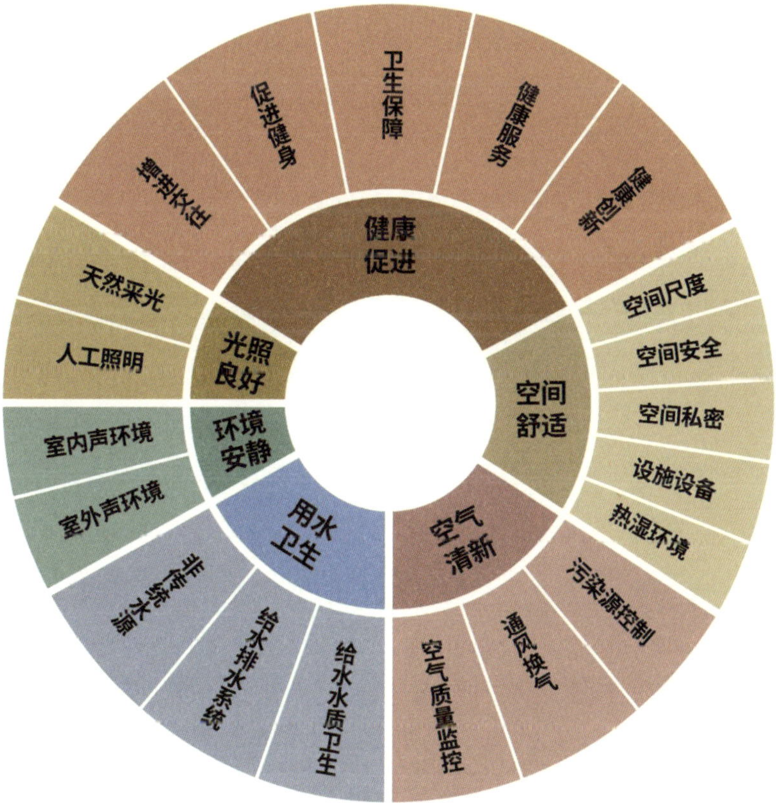

图 4.14 《健康住宅评价标准》指标体系

2.HiH 全项金级认证案例——中建·展望

中建·展望项目坐落于天津市国家会展中心板块西侧，天津大道与洪泥河景观带交口。作为天津重点发展的板块，生态资源优渥，规划前景广阔。项目总建面 143 258.7 m^2，共计 1 007 户，其中包括 82、84、89、98、112、136 六种标准户型，项目根据阳光来向规划洋房社区，容积率 1.6，给予洋房超大 40 m 楼间距，形成独立景观轴，绿地率高于 40%，景观使用率可达 95%。

作为中建地产悦系产品，展望项目是中建地产首次提出“匠造健康幸福家”品牌主张后的首个落地项目，旨在为客户提供健康绿色智能住宅，提供健康的生活方式。展望项目方案推敲阶段正值工程局推行“五个建造”理念，设计研发团队精研创新，推行 16 大核心技术、300 余项工艺细节。项目从规划、户型、立面、景观、精装、智能化全系列多维度考虑，注重人的居住体验感与生活诉求，匠心打造“人文幸福社区”“绿色智慧社区”以及“全龄化共生社区”，成为国家会展中心板块全新的标志性品质项目。作为天津首个荣获国家级“全项金级 HiH 健康标识（住宅）”的项目，中建·展望从空间舒适、空气清新、用水卫生、环境安静、光照良好、健康促进六大维度诠释了新时代下的健康人居产品。

（1）空间舒适。

项目总体规划 1.6 的容积率的洋房社区，对比片区内其他 2.0 容积率项目，有更大的间距与更优质的公共空间，带来了更良好的社区环境。同样的地块如果容积率为 2.0，会容纳 1 300 户业主，相较展望多出将近 30%人口，大大降低了居住体验，容积率降低带来居住体验的优化提升，赋予了社区独特的居住环境。

在项目的北侧和东侧，设置两个礼仪入口（图 4.15），保证不同回家方向及不同回家形式的业主，都能够就近且舒适地到达入户大堂。结合两个入口分别设置地库入口，保证车辆在城市级道路就可以直接进入地库，也最大限度地实现了小区内的人车分流，让业主在区内的口袋公园休闲散步的时候更加惬意、安静、安全。三重归家大堂为业主营造归家仪式感，一重礼仪入口归家大门，二重品质入口地下大堂和部分三重单元大堂，营造“出入皆礼遇”的体验。

小区核心区设计为 8 层洋房，每个洋房组团的楼间距都能达到 40 m 以上，8 层洋房楼栋整体规划占地面积约 60%，丰富景观资源的同时，提供超大楼间绿地。多层洋房设有消防扑救面等高层建筑的消防要求，景观设置的使用率可以高达 95%以上，楼间绿地全部设置为休闲活动的场地以及景观绿化。

图 4.15　礼仪入口

在户型设计上，住宅南北向布局，视距合理，主要居室直视距离不小于 18 米，并规避阳台与外凸窗的直视；各户型空间进深合理，南向面宽条件舒适，各居室均有良好视野；各户型功能齐全，动静分区合理，南向飘窗、入口玄关、储藏空间精心布局，多户型客厅为宽厅设计，可分可合，满足多功能使用需求。

在设施设备方面，每单元均设置 1 部电梯，并设置安全监控系统，户内可进行梯控；住宅户内采用水浸、燃气、烟感、红外、紧急报警等智能安防措施，可与业主手机 APP 联动，全方位保护业主及财产安全。

在空间私密性方面，小区内 7~11 楼层为低密格局，纯一梯两户规划，减少高楼林立的压抑感，也避免社区内人满为患的嘈杂。楼间距高达 40 m 以上，拥有超宽 MAX 级视野，业主能静赏窗外风景，足够宽的距离也能有效保护居家隐私。

（2）空气清新。

项目致力于营造优质的空气环境，降低居住者的健康暴露风险。社区四面绿化带，围合形成了天然氧吧。对室内甲醛、苯系物、TVOC 等典型污染物进行浓度预评估，且室内空气质量满足现行国家标准《民用建筑工程室内环境污染控制规范》（GB 50325—2020）的要求。精装户型采用户式中央空调+户式新风系统，具有多种舒适模式，全直流变频，打造拥有舒适的温度及良好的空气的室内环境。排水系统采取措施防止水封被破坏，确保卫生间无返臭现象。在公共建筑入口、住宅单元入口设置防尘地垫和自闭门，强化建筑入口防尘。楼栋单元大堂、电梯厅、公共走道采用自然通风、自然采光。地下车库设置与排风设备联动的 CO 浓度监控装置，当浓度超标时，排风设备自动启动。

（3）用水卫生。

为保障居住者用水安全与健康，展望项目在各个方面加强给水排水系统管控。各类给排水管道和设备设置明确清晰的防误接标识，并采取措施防止误饮、误用；建立开式供水系统维护管理制度，并每半年对水池水箱清洗消毒 1 次，定期检查以确保给排水管道无结露和漏损现象。设置全区净水系统，每户均设置前置过滤器，24 小时循环无间断供水，让业主喝上干净放心水；生活用水系统采用优质给水管道和安装工艺，从源头杜绝二次污染；生活热水系统供水温度不低于 55 ℃，设置抑菌杀菌措施，并且定期清洗和维护；在非传统水源使用方面，用于景观的中水水质符合现行国家标准《城市污水再生利用　景观环境用水水质》（GB/T 18921—2019）的要求；用于绿化浇灌的中水水质符合现行国家标准《城市污水再生利用　城市杂用水水质》（GB/T 18920—2020）的相关要求。

（4）环境安静。

展望项目在楼板、门窗、管道、电梯、机房等多个设施和场景采用隔声措施，全方位、多角度保障居住者享有安静舒适的生活环境，免受噪声困扰。楼板上铺设 20 mm 厚挤塑聚苯板，降低噪声对相邻楼层的生活干扰。门窗采用断桥铝合金三玻两中空外窗，提高静音密闭性；外窗采用高档密封胶条，提高空气密闭性；户内房间门采用静音门锁及静音胶条。排水立管采用双壁螺旋 UPVC（硬聚氯乙烯）管材，外橡胶隔音。电梯采用知名品牌；电梯曳引机设备基础安放减震垫；为了隔绝与住宅起居空间相邻的电梯井道内的噪声，在住宅户内墙面铺贴 50 mm 厚岩棉，外包石膏板隔音，电梯井设置排气孔，减少井道内的真空效应。所有水泵采用减震基础，与住宅相连的风机房采用减震基础，采用蜂窝隔音板降噪，施工现场设置隔音措施，并及时进行检测。采用钢板网建筑外檐外围护，降低噪声传导，严格遵守法规要求，避免施工扰民。

项目对建造围护结构采取有效的隔声、降噪措施，经过模拟，卧室的昼间室内背景噪声小于 40 dB（A），卧室的夜间室内背景噪声小于 30 dB（A），满足《健康住宅评价标准》中关窗状态下噪声限值一级指标的要求。此外，针对整体建筑布局及景观绿化，做专项模拟，进行声环境预评估，以实现从建设选址、规划设计、施工安装到建筑运行的全周期噪声污染源控制。

(5)光照良好。

项目一梯两户,低梯户比,南向三面宽,南北通透,大窗墙比,引光纳景,使业主在户内可以享受到更多的阳光。自然光更可杀菌,充足的光照为业主营造健康舒适的居住环境。同时项目电梯厅、公共走道等公共空间均采用天然采光,保证采光良好。此外项目进行了太阳反射光模拟,使住宅主要居室窗台面受太阳反射光连续影响时间不超过 30 分钟。

在人工照明方面,项目地下车库设置导光管系统,在满足照明功能的同时减少用电量;项目室内具有良好的照度,经过室内光线模拟,精心设计室内照明的色温、眩光显色性和频闪等指标。为控制夜间眩光,持续优化室外点位布置,满足夜间照明的同时,保证不对行人和驾驶员造成眩光,且在住宅窗户外表面上产生的垂直照度不高于 5 lx 。

(6)健康促进。

项目设置六大服务配套设施。篮球场、健身 box 等运动场地全天候满足居民对健身的高标准需求。四点半学堂为社区儿童提供专业课后托管服务,让家长无后顾之忧。社区书吧与欢乐小剧等文化类设施为居民提供休憩、交流与成长的平台,增进邻里互动,提升社区文化活力。社区共享厨房打造现代化、便利性烹饪空间,搭建不同饮食文化互动交流的温馨平台,让美食成为连接社区情感的纽带。社区卫生服务站通过智能化健康监测系统,为业主提供全天候健康管理服务,让健康关怀触手可及。配餐中心为居民提供配餐、就餐服务,让忙碌的业主深夜归家时能吃上一碗热气腾腾的面。以上六大服务配套设施为业主在有限的空间里营造出无限的精神归属感。

图 4.16　社区篮球场

中建·展望项目基于对服务型空间的思考，以有参与的景观设计作为出发点，营造共生社区的居住氛围。通过对场地功能的革新和满足全龄参与需求的设计，以活力环为纽带，使从幼儿到老年人，每一个年龄层人群都有自己的主场。

入口轴线景观、景观会客厅、阳光草坪构成的中心景观轴提供了大尺度公共空间。会客厅主体部分为深灰色的铝板、仿白木纹的仿石砖，尽可能控制色差，保证品质。外摆家具、书架、吧台等设施，方便业主与邻居畅聊欢谈，打造有温度的人居环境。阳光草坪四周绿树浓荫，形成半私密景观空间，银杏、海棠、红叶李，色彩明丽、相映成趣。

此外，社区中还搭建了一个能满足全龄段人群需求的 24 小时“健身环”（图 4.17）。乐活跑道、百米跑道、慢跑道等花样形式组合，满足不同年龄段业主的需求。通过对跑步运动需求的深度剖析，路面提供多样提示，起点区、热身区，加速跑、减速跑，让跑步更加人性化、专业化。

图 4.17　健身环

充分利用宅间景观空间打造四园设计。养生园，从老年人的空间使用需求出发，提供安全友善的环境与悠闲舒适的园艺体验，营造丰富的场景，满足社区宜老活动需求，多维度改善老年人的身体状况。花园，四点半学堂周围围绕着植物种类丰富的“自然花园”，随着季节变化的春华秋实能帮助孩子们了解身边的自然界；遍布花园的认知标识系统分为导览标识牌、艺术雕塑化的分区主题标识，把社区小生态里常见的标识凸显出来，变成有趣的学习板，让孩童探索。运动园，室外热身场地、健身 BOX、热力加油站为年轻人提供活力运动场所，并配套休憩和交流空间。三个紧密相连的功能区，让有不同运动需求的人各得其所，营造出浓厚活力氛围。常规的小区健身器材是漫步机、双杠、肩关节康复器“老三样”，并且通常围绕中老年人的需求，缺乏面向青少年的户外活动空间。展望项目对颜色、材质进行了仔细推敲，场地采用专门选择的配色，考虑颜色在不同季节里给人的不同感受，地面选用了低饱和色度的蓝色，搭配具有活力的橙色器械。材质选用了符合环保要求的 EPDM（三元乙丙橡胶）。结合青少年体测项目，学生还可以根据地面不同的图案设计进行折返跑、立定跳远、跳绳、羽毛球等运动。根据成年人的职业高发病症设计专门的器械，让中青年释放压力。考虑到户外活动受天气、季节的影响，健身 BOX 打造健身房体验。“乐园”，以“重场地、轻器材、有关怀”为原则，注重挖掘儿童天性、增加科普性、寓教于乐，营造亲了陪伴型空间。场地弱化器材对儿童天性的限制，注重通过场地自身设计带来乐趣，加强同伴之间的互动沟通。

4.3.3　宜居典范：七恒科技健康系统

1. 七恒科技健康住宅体系

2022 年，中建地产布局古都西安，其西北地区首秀——中建悦庐项目，不仅承载着公司深耕西北、引领行业创新的重任，更被赋予了推动健康居住新标准的战略意义。面对国内健康住宅评价体系在深度关联人体生理系统、全面覆盖建筑全寿命周期健康性及指标内容多样化等方面的不足，中建悦庐项目在设计之初便选择了被誉为建筑行业“奥斯卡”的 WELL 健康建筑标准作为其健康住宅的设计标准。

尤其是在经历了新冠疫情的严峻考验后，人们对室内健康的关注达到了前所未有的高度，对一个安全、舒适、健康的居住环境的需求更是急剧上升。中建悦庐项目正是敏锐地洞察到这一趋势，深入研究并积极践行健康住宅理念。该项目紧密结合 WELL 健康建筑标准的十大核心评价维度，包括空气、水、营养、光线、运动、热舒适、声环境、材料、精神和社区十个维度，致力于为居住者打造一个真正意义上的健康住宅。在这一过程中，中建悦庐打造的七恒科技健康住宅体系涵盖了七个关键维度，全方位提升了居住者的生活品质，详见图 4.18 至图 4.22。

图 4.18　入户大堂

图 4.19　入户大堂内景

图 4.20　外立面实景

图 4.21　会所实景一

图 4.22　会所实景二

七恒科技健康系统，在“恒质”的前提下“以一替六”，以一套系统实现空调、地暖、新风、加湿、除湿、净化空气等全部功能，实现建筑的恒温、恒湿、恒氧、恒洁、恒静、恒智和高度节能，打造“微能耗”或“低能耗”健康住宅，营造安全、健康、舒适、低碳的人居环境，以适应未来住宅的发展方向。

（1）恒温。通过先进的科技手段，确保室内温度始终保持在一个舒适的范围内，让居住者无论在严寒的冬季还是炎热的夏季，都能感受到宜人的温暖。

（2）恒湿。适宜的湿度环境不仅能让居住者感到舒适，还能有效防止细菌和病毒的滋生，保护居住者的健康。中建悦庐通过七恒科技健康系统，精准调控室内湿度，为居住者创造一个干爽、舒适的居住空间。

（3）恒氧。充足的氧气供应能够提高人体的新陈代谢，增强免疫力。中建悦庐的七恒科技健康住宅体系通过智能化的通风系统，确保室内有充足的氧气，让居住者时刻呼吸到清新的空气。

（4）恒洁。中建悦庐采用先进的空气净化技术，有效去除空气中的有害物质和细菌，保证室内空气的洁净与清新。通过多重过滤和净化系统，确保水质的纯净，让居住者喝上放心水。

（5）恒静。室内噪声控制也是七恒科技健康住宅体系的重要组成部分，安静的居住环境能够让居住者得到充分的休息和放松。中建悦庐通过精心设计的隔音系统，有效降低室内噪声，为居住者营造一个宁静的居住氛围。

（6）恒智。智能家居融合则是让居住者的生活更加便捷和舒适的重要手段，通过智能化的家居系统，居住者可以轻松掌控家中的一切，享受科技带来的便利。

（7）恒质。工程品质是七恒科技健康住宅落地的保障，项目通过“五个建造体系”、16 大核心技术、354 项工艺细节进行全方位打造，确保项目完美落地，以高标准、严要求打造每一个细节，确保建筑的质量和耐久性。

2. 制冷制热系统

中建悦庐项目摒弃了传统的 VRV 多联机系统与地暖的组合模式，选择了技术体系成熟的空气源热泵与毛细管网辐射系统组合。

毛细管网辐射系统能够确保室内温度场的均匀分布，彻底消除了传统空调系统中冷风直吹带来的不适感，通过精准的温度控制，让室内始终保持着宜人的温度，不会出现过冷或过热的情况。在提供更高舒适度的同时还以毛细管网替代了室内机，巧妙地消除了室内风机、冷凝水提升泵等设备产生的噪声，确保室内声环境宁静、健康。同时，通过分户式管理系统，业主可以根据个人的喜好和需求，灵活调整室内温度，相比地源热泵模式，个性化设置更为灵活。

同时空气源热泵利用空气中的热能进行制热，相比传统的制热方式，能够大大降低能源消耗。而毛细管网辐射系统则通过高效的换热效率，减少了能源的浪费。这两个系统的协同使得中建悦庐项目在制冷制热方面实现了高效节能的目标。

3. 新风系统

七恒科技健康住宅使用户式热交换新风系统+置换通风系统。户式新风可最大限度实现新风风量与空气净洁的平衡。集中式新风系统过滤段的更换不受业主控制，且易出现交叉感染的情况，户式新风系统更加独立安全。置换通风系统在空气品质与污染物控制、湿度控制、能源效率与运行费用以及舒适性与空间特性等维度均明显优于传统新风系统。

（1）空气品质与污染物控制。置换通风系统通过低风速、低紊流强度、小温差的方式，将处理过的空气直接送入室内人员活动区的下部，可以更有效地清除空气污染物，使得活动区内的空气质量更好。相比之下，传统上送上回通风系统由于新风与污染空气在同一高度混合，容易造成空气品质的下降。置换通风系统能对工作区的 CO_2 等污染物进行更为有效的控制，其通风效能系数大于混合通风，从而达到改善室内空气品质的目的。这一优势通常只用在对空气质量要求较高的医院、实验室等环境。

（2）湿度控制。七恒科技健康系统使用全热回收新风机组，利用热湿交换、湿度监测和智能控制等多种手段，能够有效地将室内湿度控制在 30%~70%。全热回收新风机组配备了先进的热湿交换芯，当室外空气进入机组时，热湿交换芯会与排出的室内污浊空气进行热湿交换。在这个过程中，如果室外空气湿度较高，热湿交换芯会将部分水分保留在排出的空气中，从而降低引入室内的空气的湿度；反之，如果室外空气湿度较低，热湿交换芯则会将排出空气中的部分水分传递给引入的新鲜空气，增加室内空气湿度，有效地调节了室内湿度，使其保持在一个舒适的范围内。机组内还安装了高精度的湿度传感器，能够实时监测室内湿度水平，并将数据反馈给智能控制系统。当室内湿度超出设定范围时，智能控制系统会自动调整新风机组的运行模式和参数。例如，在潮湿季节，系统会减少新风量或降低送风温度，以降低室内湿度；而在干燥季节，系统则会增加新风量或提高送风温度，从而增加室内湿度。

（3）能源效率与运行费用。置换通风系统节能效果显著，它可以在相同设计温度下，减少活动区里所需的供冷量。由于送风温度较高，为利用低品位能源以及在一年中更长时间地利用自然通风冷却提供了可能性，从而达到节能的效果。据有关资料统计，置换通风与混合通风相比，可以节约 20% 至 50% 的制冷耗费。同时由于置换通风系统能够有效地利用能源，减少空调冷负荷，从而延长免费供冷时段，节省空调能耗，降低运行费用。

（4）舒适性与空间特性。置换通风系统送风噪声小，低紊流强度可以减少吹风感，使得室内环境更加舒适。此外，其气流组织更加合理，从底部送风，被使用后的混浊空气及室内有害气体被挤压到上部，最后从上方排出室外。同时置换通风系统适应性强，灵活性大，可以与多种建筑设计相结合，满足不同的空间需求。

中建悦庐项目通过七恒科技健康住宅体系的打造，真正实现了从空气到建筑品质的全方位保障。这一追求不仅局限于室内空间的优化，更延伸至室外社区的整体布局与生态营造，实现室内健康与室外健康的和谐共生。最终，该项目成功获得了 WELL Building 与 WELL Community 双项国际认证，成为中建地产在健康住宅领域探索的又一实践。

4.3.4　美好生活：未来社区九大场景

中建地产从精益建造到七恒科技健康住宅的快速迭代中积累了健康住宅的营造经验，但伴随着行业发展的整体转型，从住宅开发向社区综合治理的转型需求日益凸显。

在实践过程中，经济发达城市的居民，特别是改善型市场背景下的居民，对居住环境的要求不再仅仅局限于房屋的质量和面积。他们渴望拥有更加完善的社区服务、丰富的文化生活以及和谐的邻里关系。与此同时，单纯的住宅开发与住宅硬件产品的品质提升已经进入白热化阶段，开发企业也已经很难脱颖而出。而管理有序、服务完善、环境优美的社区，不仅能吸引更多的购房者，还能提高房产的保值增值能力。从住宅开发向社区综合治理转型，意味着开发商能够更好地满足居民的多元化需求，在这个过程中良好的社区口碑的形成也会为开发商带来更多的市场机会和品牌效益。而积极参与社区治理与营造也为房地产开发企业与属地政府营造了良好的合作关系，成为共同推动城市可持续发展的重要抓手。

2024 年，中建地产在津南区开发的理想城项目因具备区位、体量等方面的优势且具有一定的服务能力，便于经验积累，而成为探索未来社区的载体项目。该项目位于天津市环内双林板块，北侧紧临大沽南路，附近有地铁 1 号线双林站。在项目内部利用架空层设计形成双层立体交通环境，具备打造未来综合交通体系的基础条件。邻近天津市胸科医院、天津市环湖医院等三甲医院，周边和悦汇、梅江环宇城、永旺梦乐城等大型商业服务内容齐全，同步配建幼儿园，引入小学，形成完善配套体系。同时项目整体总建筑面积约 34 万平方米，有着超大体量，规划逾 2 000 户，在综合服务配套及物业管理综合提升方面具备充足空间，如图 4.23 至图 4.24 所示。

未来社区是对未来城市人居状态的前瞻性设想，强调以人民美好生活向往为中心，以人本化、生态化、数字化为价值导向，构建未来邻里、教育、健康、创业、建筑、交通、低碳、服务和治理九大场景。九大维度涵盖了生活的各个方面，从社区治理角度出发，为居民打造了一个舒适、便捷、智能的生活环境，为社区与居民的可持续发展提供了多方面的支撑和保障。

图 4.23　未来健康社区

图 4.24　礼遇式归家体验

（1）未来邻里场景。社区内为业主打造了业主独享的悦居私宴餐厅，业主可在此享受会客、宴请、茶道等尊享的娱乐活动，这里成为业主的第二客厅；同时特意打造了福禄书院，孩子可在放学后在此得到托管服务，家长可以在此学习陪伴，同时这里也是业主兴趣爱好及文化活动的展示长廊。在社区归家动线上，打造了多处可供业主休息、交流、接待的精装公共会客厅，让业主及来宾均能感受到高奢酒店般的生活。通过建设邻里中心，提供文化交流、休闲娱乐等多功能空间，为营造交往、交融、交心的邻里关系，重塑社区生活的活力与凝聚力提供场景支持。物业服务体系通过举办丰富多彩的邻里活动，如社区节日、兴趣小组等，增进居民之间的情感交流。

（2）未来健康场景。项目设置了 1 600 m^2 的运动主题会所，打造天津市第一个社区级地上私享泳池。其中配置了瑜伽、健身、桌球、室内高尔夫等各项运动设施，使业主在社区内即可体验到高奢酒店般的优质体验。室外设置天津唯一的三重立体健身环形跑道。11 处乐动空间配置乒乓球台，并且设置了综合运动场、门球场、高尔夫球练习场、邻里健身场等。通过深入分析人的自然生命周期与家庭生命周期中不同阶段的不同居住需求，挖掘社区潜力，构建“全民康养”的健康体系。通过建设社区卫生服务中心、健身设施等，提供便捷的医疗服务和健身场所。在营销活动及物业活动中，广泛组织开展健康讲座、体检等活动，提高居民的健康意识和自我管理能力。

（3）未来建筑场景。项目取意于中国古典建筑的“重檐”以及宋代的“描金工艺”，用现代材料金属和全面屏加以演绎，实现中式神韵、时代演绎。借鉴现代工业设计的美学理念，在建筑整体打造简约风格的基础上，运用大量的转角窗和玻璃装饰面，打造无边界的全面屏美学。在外立面材料的运用上，大量使用了金属、石材以及玻璃等高端材料。其中洋房南立面的高端材料占比更是达到了 90%以上，做工精致，材料考究，远超同类项目。在健康社区中，阳光是非常重要的元素，也是业主极为关心的。在建筑设计中，通过超过 60%的黄金窗墙比，以及全系转角窗的运用，住宅获得了更多的采光、更佳的视野以及更多的日照，便于业主享受更加健康舒适的居家生活。在项目设计中，完整落地绿色、智能的建筑技术，打造舒适、美观、可持续的居住环境，也大幅度提升社区的形象和品质，改善板块整体城市面貌。同时主要材料均选取节能环保材料，以大幅度减少社区的能源消耗和环境污染，降低社区治理的成本。智能化的建筑管理系统可以提高社区的安全性和便利性，为社区治理提供技术支持。

（4）未来教育场景。项目配置了 24 班小学、12 班幼儿园，为社区居民提供了全龄段、多元化的教育服务，方便居民享受更便捷的教育资源。除常规的教育体系之外，通过四点半学堂的持续运营，探索教育与看护一体化服务模式，解决儿童放学后的看护问题。首层架空半室内儿童活动场地，可在雨雪天气为孩子们提供室外游戏场地。结合泛会所及社区园林绿植，为孩子们打造了植物小课堂、昆虫乐园等亲近自然的游乐环境。组织环保教育活动，让居民了解环境保护的重要性，从而积极参与社区的垃圾分类、资源回收等环保行动。通过开展社区教育活动，提高居民的综合素质和公民意识，培养他们的社会责任感和参与社区治理的能力。服务社区全人群的教育需求，构建终身学习的教育环境。

（5）未来创业场景。配置孵化用房、共享办公等“双创”空间及相关生活空间。依托中建地产公司自由物业及商管平台，实现共享服务的需求与供给对接，让创业者通过社区众筹平台进行项目发布和融资，激活社区周边商业及城市配套功能。设立社区共创平台，为居民创业提供支持和便利。

（6）未来交通场景。在前期开展的社区顶层设计需求问卷调研中，交通出行改善需求民意呼声高。47%的居民迫切希望建设智能停车系统，31%的居民希望推广共享停车，40%的居民希望增设或优化公交线路。对此，中建理想城利用自身便捷交通路网与公共交通体系进行无缝结合构建便捷、高效、绿色的交通体系。一方面，多样化的出行选择和新能源汽车的推广可以减少交通拥堵和环境污染，提高社区的交通安全性和通行效率。另一方面，实现社区入口和地铁的零距离连接，建设风雨连廊，构建更便捷地铁出入社区。结合社区周边公共交通的智能公交站点和共享单车停放点等设施，进行周界外维护提升，为社区治理提供便利。社区内部打造立体化人车分流系统，建设智慧停车设施，解决停车难题并实现停车位充电桩预留全覆盖。

（7）未来低碳场景。项目通过海绵城市、智能能耗管理服务系统，引导优化能源结构，提高综合节能率。售楼处按照绿色低碳 4C 认证标准建设，获得 BREEAM 和莱茵净零碳建筑认证，成为天津首个获得双认证的净零碳建筑，推动节能环保和可持续发展。

（8）未来治理场景。依托智慧平台构建高效的服务模式。前期项目开发阶段，履行央企社会责任，与街道、周边社区进行多元党建、共治共建的活动，建立多元参与、共建共享的社区治理机制。物业公司积极组织，发挥社区党组织、居委会、业委会等组织的作用，引导居民积极参与社区治理。社区内部配备智慧安防设施设备、物联网感知智能设备等，并提供定制化、高性价比的生活服务，运用智能化的治理手段，如大数据、物联网等，提高社区治理的科学性和有效性。

（9）未来服务场景。构建“党建引领”的政府导治、居民自治、平台数治模式。项目配置了居委会、文化活动中心、党群服务中心、警务室、公厕等城市配套功能设施，建立自下而上的考评机制，提高社区治理效率，解决物业、居委会、业委会管理矛盾突出的问题。

05 第 5 章 发展引领——五好健康幸福家

5.1 健康住宅标准体系探索的背景及必要性

在中国住宅产业已经取得了长足的发展的背景下，人们对于居住的需求也发生了转变，人们的关注点已从建筑立面、大落地窗、园区小品等硬件方面，逐渐转向室内空间的健康安全、舒适度以及小区配套等人性化生活品质方面。为此，国家层面发布了许多政策，积极推动城市更新和“好房子”建设。此外，随着中国老龄化的不断加剧，在银发经济这一大背景下，人们对健康住宅提出了适老改造这一具体要求，这也是健康住宅发展的新机遇。通过市场和政策分析，提升住宅的健康属性已成为房地产业供给侧结构性改革的主要方向，但现有的健康住宅的相关标准体系还不完善，而国外的 WELL 健康建筑标准等评价标准与我国国情存在些许差异，因此急需构建一个适应当今时代、适应我国现实情况的标准体系，进而对房地产业起到引领和规范的作用。

5.1.1 迈入新时代的需求变革

住宅承载着人们的部分生活，同样住宅也折射出这个时代的生活方式、价值追求、审美趋向等等，因此，住宅的功能和形式总是随着经济社会、科学技术和文化的发展而不断变迁。人们在享受各种现代文明成果的同时，也面对着与居住环境和生活方式有密切联系的各种问题。

城市化进程的快速推进、人口老龄化的加剧、社会疾病的影响以及现代城市生活方式的改变等，给居住健康带来一系列新的重大挑战。在住宅领域，室内空气污染、环境舒适度低、适老化设计缺乏、交往与运动休闲娱乐场地不足等空间问题逐渐凸显。特别是近年来，影响世界的重大公共卫生事件的发生，给建筑在应急状态下如何保障人们的身心健康提出了新命题。

随着社会经济的发展和人民生活水平的不断提高，居住健康的问题越来越受到社会大众的关注，居住健康的目标已不仅是生理层面上的健康，还包括心理、社会适应性等多层次多维度的健康需求。人们选择住宅已不再仅仅依据区位、规模等简单标准，也不再单纯地追求建筑形式的美观，而是更注重住区的内在品质，更强调住区作为保持身心健康、调节情绪、陶冶情操的重要载体和场所的属性，人们对居住环境的健康性、舒适性和安全性有了更高的期待。受使用者需求变化的驱动，世界范围内建筑行业开始将目光逐渐聚焦于“居住与健康”发展主题上。

住区作为影响人们生活质量的重要载体，应当以促进人的身心健康为目标导向，以提高人的生活质量为设计理念，并且需要承载更多的健康责任——健康的环境、健康的用水、健康的生活方式引导、健康的服务等，进而满足人们对居住健康的现实需求。具体而言，可以从存量住宅的提升改造和新建住宅的设计建造维度来满足人们对健康居住环境的需求。

5.1.2 需求驱动下的城市更新与“好房子”

随着时间的流逝，一些基础设施和社区逐渐显露出没落的一面，设施无法正常运转，破败不堪，楼体年久失修、管道老旧、屋顶时有漏雨，给居民生活带来诸多不便。这样的居住环境必然不符合“以人为本”的理念和健康生活的目标。但它们大多位于一个城市的核心区域，面临着土地成本高、人员组成复杂、拆迁难度大等相关问题。对于现有的不能满足人民居住生活需求的住宅，城市更新是改变现状的重要途径。1958 年 8 月，在荷兰召开的第一次城市更新研讨会上，对城市更新做了有关的说明：生活在城市中的人，对于自己所居住的建筑物、周围的环境或出行、购物、娱乐及其他生活活动有各种不同的期望和不满；对于自己所居住的房屋的修理改造，对于街道、公园、绿地和不良住宅区等环境的改善有要求及早施行，以形成舒适的生活环境和美丽的市容。包括所有这些内容的城市建设活动都是城市更新。

针对我国的具体背景，2019 年 12 月召开的中央经济工作会议首次强调了“城市更新”这一概念，提出加强城市更新和存量住房改造提升。2020 年 10 月，《中共中央关于制定国民经济和社会发展第十四个五年规划和二〇三五年远景目标的建议》明确提出实施城市更新行动。2021 年，“城市更新”首次写入《政府工作报告》，正式提升为国家战略。2022 年，党的二十大报告指出，“加快转变超大特大城市发展方式，实施城市更新行动，加强城市基础设施建设，打造宜居、韧性、智慧城市”。近年来，我国各地陆续开展城市更新活动，打造了多个试点示范项目，切实改善了人们的居住环境。脏乱陈旧的老街区实现新建和改造，基础设施不断完善，AI 技术融入城市管理，智慧社区为公共服务、社区管理提供了便利，口袋公园、共享绿地不断增多，社区更加绿色宜居。这些变化体现了城市更新是一个民生工程，能持续提升住房品质，满足人们对于更加健康、宜居、优质的生活和居住环境的需求。

2023 年，住房城乡建设部提出了“好房子”这一概念。在房地产行业不断发展的进程中，倪虹部长对“好房子”的理念有着清晰而明确的阐述。他指出，“好房子”应当是绿色、低碳、智能、安全的，要让群众住得健康、用得便捷、成本低且放心安心。在理念上要始终坚守“房子是用来住的、不是用来炒的”这一定位。这不仅是房地产行业发展的基本原则，更是保障人民群众住房需求的重要基石。完善“市场＋保障”的住房供应体系，让政府保障基本住房需求，市场满足多层次多样化住房需求，建立租购并举的住房制度，都是为了实现让人民群众住上“好房子”的目标。

2024 年 7 月，二十届三中全会定调房地产市场，指出要加快构建房地产发展新模式，消除过去“高负债、高周转、高杠杆”的模式弊端，建设适应人民群众新期待的“好房子”，更好满足刚性和改善性住房需求，并建立与之相适应的融资、财税、土地、销售等基础性制度。就行业未来发展模式，全会提出要“提高人民生活品质”，“不断满足人民对美好生活的向往”。对于住房来说，未来“好房子”的建设不可或缺，打造“好房子”将成房地产开发企业实现高质量发展的必经之路。

在新时代全民健康的大背景下，人们对“好房子”的需求也发生了变化。开发商应当深刻理解这一需求的转变，努力契合中国民众对于“好房子”的期望。这不仅要求房子在硬件设施上具备高品质，如绿色环保的建筑材料、智能便捷的家居系统等，还要在软件服务上给予居民更好的体验，如贴心的物业服务、丰富的社区活动等。打造这样的“好房子”，能够让人民群众真正享受到高品质的居住生活。居民将在舒适、健康、安全的环境中生活，感受到科技带来的便利，同时也能享受到社区的和谐与温暖。这对于提升人民群众的生活质量、促进社会的和谐稳定具有重要意义。

5.1.3　银发经济：健康住宅发展新机遇

国家统计局 2023 年末的数据显示，我国 60 岁及以上人口达到 29 697 万人，较第七次人口普查增加 3 295 万人。随着 1963 年婴儿潮人口达到 60 岁，我国人口老龄化进入加速期。中国疾病监测系统的数据显示，跌倒已经成为我国老年病人因伤致死的首位原因，根据测算，我国每年有 4 000 多万老年人至少发生一次跌倒，其中约 2 000 万老年人在家中跌倒，每年有 30 余万老年人死于跌倒。

我国的传统家庭观念、“未富先老”的问题都决定了居家养老是老年人的主流养老方式，且随着“少子化”情况愈发严重，老年人普遍独居生活，面临不少生活风险。目前，老年人普遍存在着养老资源焦虑、财富焦虑、尊严缺失、子女负担、孤独等心理困扰，以及健康误导、就医问诊困难、专业上门护理难寻、失智易受护工欺负等健康困扰，许多老年人的居家养老生活品质和尊严无法得到保障。老龄化社会背景下的健康住宅，不仅要满足最基本的适老化无障碍设计要求，也要尽可能地符合老年人心理及生理特征，融合智慧化的、完善的居家养老服务，消除老年人的思想困扰，使其能够在自家舒心地进行养老。

在适老化设计方面，重点做好建筑硬件、家具设备、康复辅具适配、智能化设施的设计和配置，对老年人家庭居住生活环境进行适应性设计建造，排除老年人家中存在的安全隐患，有效预防跌倒等意外事故，再通过适老环境和器具的设计配置，支持老年人在自主或他人协助下完成日常生活活动，延续居家生活。

在社区配套方面，设置完善的具有托老及托幼服务的基本公共服务设施，配置健全的便民商业服务设施、完备的市政配套基础设施、充足健康的老年人公共活动空间、适应老年人心理特征的全覆盖物业管理和智慧健全的社区管理机制，建设使多代居住家庭能够具有强烈归属感和认同感的持续照料居住社区。

在智慧养老方面，除楼栋内配置基础的紧急报警装置外，更重要的是建设智慧监测系统，通过为住区内老年人配置健康监控设施，借助毫米波智能传感器等先进监测仪器实时监控老年人基本健康指标、体动姿态等数据，以便小区内的智慧平台和子女手机第一时间掌握报警信息。

5.1.4 “与时俱进”和“因地制宜”的标准体系

20 世纪 90 年代以来，世界上很多国家都开展了健康住宅的相关研究和实践探索。从发展理念上看，国际健康住宅是在满足住宅基本建设要素和绿色低碳发展要求的基础上，通过提升住宅的健康性能，满足居住者生理、心理、道德和社会适应等多层次的健康需求。从行动措施上看，各国在政府引导下，通过制定符合地区发展实际的政策、标准和技术体系，展示、推广各种健康建筑发展的适宜技术和相应的设备来推动健康住宅的发展。理念、先进技术和设备存在比较统一的共识，但是各个时期、各个国家和地区的健康住宅的相关标准体系表现出多样化、差异化和针对性的特点。

我国健康住宅的发展受到人民需求变化、相关事件推动、国外经验等因素影响。而美国、日本以及欧洲一些国家，它们的健康住宅标准体系发展较早，受到能源危机、老龄化加剧、工业化和城市化进程等因素影响。现实背景不同，因此对于国外已经更新换代了几个版本的较为成熟的标准体系，我们也不能生搬硬套、直接采用。且部分标准体系如美国 WELL 健康建筑标准和 Fitwel 健康建筑评价体系是针对建筑进行的评价，而不是细分到住宅这一具体建筑类型，加拿大 RESET 室内健康标准虽然对于室内居住环境的监测十分有效，但缺少健康生活必需的室外空间和社区配套相关的评价标准。

随着社会发展和生活水平的提高，人们对居住环境的要求逐渐从“有没有”向“好不好”转变，越来越关注居住环境与自身健康的关系，对美好生活有了更高的追求。特别是经历了一些公共卫生事件后，如“非典”和“新冠肺炎”，人们更加意识到居住环境在预防疾病传播方面的重要性，对住宅的健康性能提出了更高的要求，这也说明健康住宅评价标准应该与时俱进。但是，现在广泛使用的还是 2017 年版本的《健康住宅评价标准》，缺少对社会公共卫生事件衍生出的健康需求的考虑。可见，在当下市场变化快速和人们需求变化的现实背景下，亟须构建一个适应当今时代、适应我国现实情况的标准体系，起到引领和规范的作用，促进我国健康住宅的发展。

5.2 聚焦立体的健康住宅技术体系

随着国内部分健康住宅产品的打造，创新建立完整的健康住宅营造体系和评价标准，让健康元素成为住宅产品的标配，将是房地产企业当下以及未来发展的重要课题。本书以国家和政策导向为指引，以社会需求为靶向，基于健康住宅相关理论，结合我国《健康住宅评价标准》、美国 WELL 健康建筑标准、英国 BREEAM 绿色建筑评估体系等国内外知名健康建筑评价标准及朗诗、金茂、远洋、旭辉等国内标杆房企在健康住宅体系方面的成果和优秀经验，从影响人体生理和心理健康的十一个维度进行深度挖掘，筛选出与居住者健康息息相关的指标，从温湿度、空气、声音、水质、光照、空间、智慧生活、社区环境、运动健康等九个方面阐述健康住宅产品主张，最终形成兼顾物理和精神层面的、立体健康的健康住宅技术体系。

5.2.1 物理层面——打造健康舒适环境

1. 维度一：温湿度

住宅户内温湿度水平是决定室内热舒适度的核心要素之一，舒适、稳定的温湿度是高品质室内环境的前提，室内湿热环境的异常会导致病态建筑综合征的发生，严重影响人们的健康。

人体对环境的热舒适感建立在与周围环境正常的热交换上，这包括辐射、对流、传导和蒸发等多种换热方式。研究表明，室内最佳温度通常在 18 ℃至 24 ℃ 之间，而相对湿度则应保持在 40%至 60%的范围内。在这一温湿度条件下，人体能够较好地维持水分平衡，呼吸系统也能正常工作，从而确保身体状态的健康。研究发现，在现代建筑中温度的控制主要是通过空调系统，而空调系统的换热形式则分为辐射换热和对流换热。根据这两种换热形式，常见的两种空调系统为辐射空调系统即毛细管网系统和多联机（VRV）氟系统（以下简称“VRV 系统”）。

辐射空调系统（图 5.1），是一种先进的温控技术，通过建筑内密布的微小水管循环温水或冷水来调节室内温度。该系统利用辐射换热的原理，即热量通过物体表面以电磁波的形式传递，避免了传统空调的对流换热带来的吹风感，进而出现空调病。辐射换热更为均匀、柔和，能够营造出“无风感”的舒适环境，特别适合对温湿度敏感的人群，如老人、小孩及过敏体质者。此外，毛细管网系统还能与新风系统结合，实现恒温、恒湿、恒氧的室内环境，为居住者提供全方位的舒适体验。

VRV（Variable Refrigerant Volume）（图 5.2）系统是一种高效的中央空调系统，通过多个室内单元和一个室外单元实现制冷和制热。该系统能够根据室内需求自动调整制冷和制热功率，减少能源浪费。在控制室内温湿度方面，VRV 系统表现出色，它能够独立调节不同区域的温度，满足多样化的需求。同时，VRV 系统通常配备有空气过滤器，能够过滤掉室内空气中的灰尘、花粉等污染物，提高室内空气质量。然而，VRV 系统主要依赖对流换热，即通过空气流动实现热量传递，这在一定程度上可能带来“吹风感”，影响部分人的舒适度。

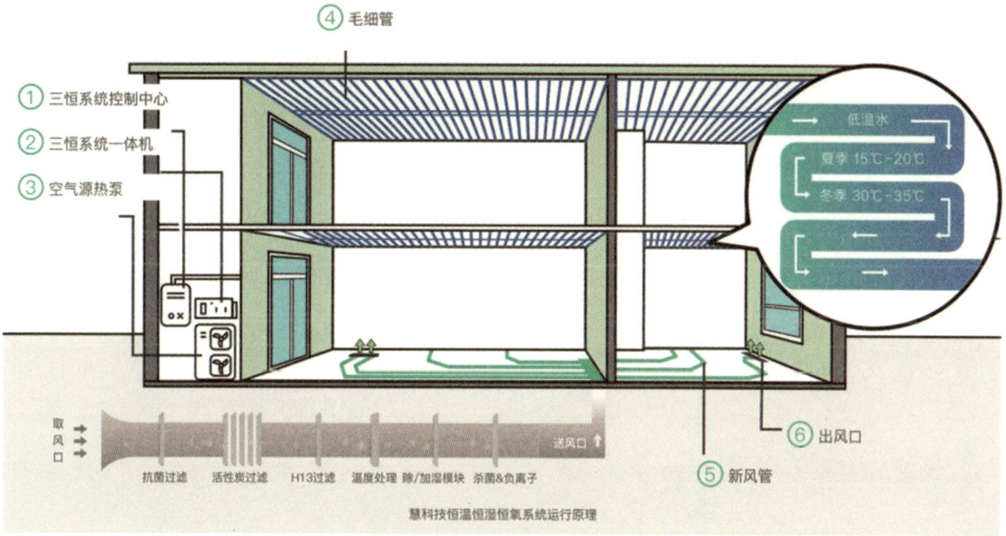

图 5.1　辐射空调系统示意

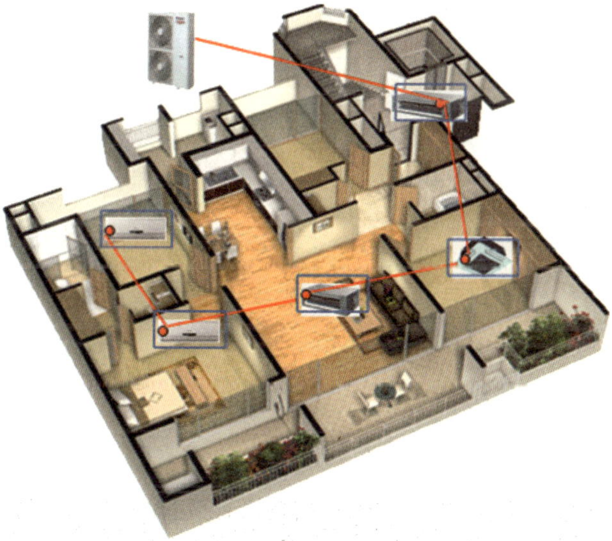

图 5.2　VRV 系统示意

通过对上述两种系统的分析，辐射换热与对流换热在室内温控中各有优劣。辐射换热更为均匀、柔和，能够减少空气流动带来的不适感，特别适合需要安静、稳定环境的场所。然而，辐射换热需要较长时间才能达到设定温度，且对房间围护结构的保温性能要求较高。相比之下，对流换热则能快速响应温度变化，但可能带来“吹风感”，影响部分人的舒适度。在实际应用中，可根据具体需求和场景选择合适的换热方式或结合使用。

在湿度的控制上在不使用空调除湿的前提下，传统住宅大部分都是通过开窗、放置除湿器、使用加湿器等传统方式进行湿度控制，但上述方式仅可以增大室内湿度或者减小室内湿度，而无法做到湿度的控制。

全热交换新风系统通过其独特的热湿交换技术和能量回收机制，借助室内湿度感应模块控制实现了对室内湿度的精准控制。在除湿过程中，系统能够有效地将室内高湿度的空气中的水分传递给新风并排出室外。在加湿过程中，则通过反向热湿交换将室外高湿度的空气中的水分传递给新风并送入室内。这样的设计不仅提高了室内空气的舒适度和健康度，还大大降低了系统的能耗和运行成本。

2. 维度二：空气

人的一生中有 70%~90% 的时间是在室内度过，因此室内空气质量直接决定了人们的生活品质。改善室内空气质量对于提升人们的整体生活质量具有积极作用，优质的室内空气能够减少疾病的发生，提高人们的舒适度和幸福感。在这一过程中，新风系统及其中的置换通风技术扮演着举足轻重的角色。

新风系统（图 5.3）作为现代建筑中的重要组成部分，其核心功能在于为室内提供新鲜、清洁的空气，同时通过排风系统排出室内污浊、有害的气体，进而维持室内空气的清新度和品质并保证室内的微正压。新风系统在不开窗的前提下通过引入室外空气，对其进行过滤、净化等处理后将其送入室内，有效避免了因长时间密闭而导致的空气污浊、细菌滋生等问题。此外，新风系统还可以根据室内环境自动调节送风量和风速，确保室内空气始终处于最佳状态。

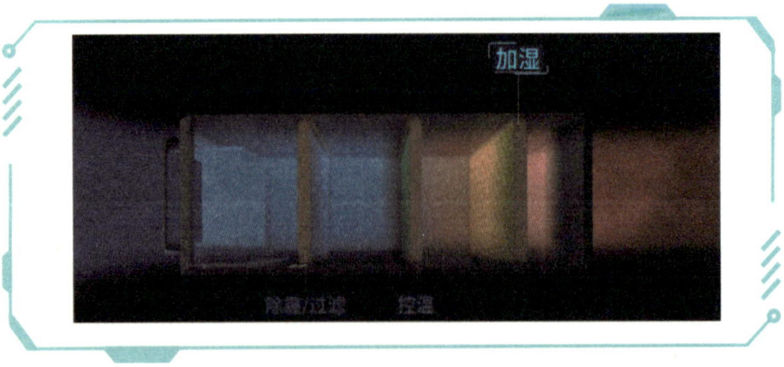

图 5.3　新风系统效果

置换通风系统（图 5.4）作为新风系统中一种高效、节能的通风方式，其原理是通过将低速、低温的空气送入房间底部，利用下送上回的系统形式，形成房间内的空气流动，从而带走室内上部空间的污浊空气和热量。这种通风方式相较于传统的混合通风具有显著的优势。

（1）提高空气品质。置换通风能够确保新鲜空气首先到达人体呼吸区域，有效降低室内污染物对人体健康的危害。同时，由于空气流动速度较慢，减少了空气混合造成的污染扩散，提高了整个室内空间的空气品质。

（2）节能效果显著。置换通风利用冷空气接近地面自然上升的原理，减少了机械送风的能耗。此外，由于新风温度较低，有助于降低室内温度，减轻空调系统的负担，从而达到节能的效果。

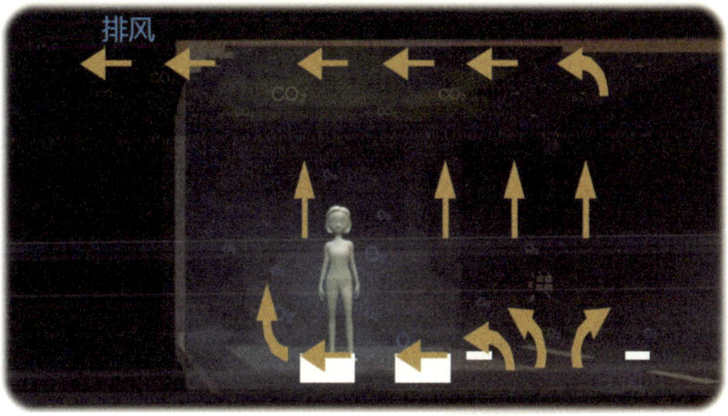

图 5.4　置换通风系统效果

3. 维度二：声音

噪声污染已成为现代社会最严重的污染之一，噪声不仅会让人感到烦躁，甚至会损坏听力系统，引发心脏疾病，严重危害人的身心健康。住宅作为人们生活中停留时间最长、对健康影响最重要的场所之一，其健康声环境的营造具有至关重要的作用。静谧的居住环境和动听的音乐一样，都能使人感到愉悦、身心得到放松，有利于健康。因此，隔声性能已经成为当代高品质住宅最重要的指标之一。

针对日常生活中室外与室内的噪声源，中建地产健康住宅体系以高标准选材和精细化工艺为基础，对建筑内外采取多维度技术措施，有效降低室内外噪声对居住者生活起居的影响。科学研究表明，有 90% 噪声通过建筑外窗传入室内，因此针对室外环境噪声应选择隔音性好的门窗，并在建筑外墙围护结构及保温层方面采用高效隔音材料，将建筑周边社会环境产生的噪声隔绝于室外。室内噪声主要来源于几个方面。一是公共区域人员及设备产生的空气噪声。二是物体掉落地面、桌椅拖动以及人在楼板上走动时鞋跟的敲击等产生的撞击噪声。这种噪声不但会向其下方的房间辐射，还会向与其连接的建筑构件如墙面及柱等传播。其在建筑结构中传播时衰减很小，因此这种声音可以传得很远。三是住宅排水管线产生的水流噪声。四是室内空调设备工作时产生的运行噪声。针对上述噪声源，可通过选用优质隔声入户门，对室内楼板、分户墙、下水管线等采用隔音材料和降噪工艺的方式，降低室内噪声对日常起居的影响，还居住者一个宁静、舒适的家，打造“恒静住宅”。

4. 维度四：水质

水质健康是指饮用水或生活用水达到一定的卫生标准和安全要求，不含有对人体有害的物质，如细菌、病毒、重金属、有机污染物等。良好的水质能够保障人体的正常生理功能，预防疾病的发生，提高生活质量。因此，在打造室内健康环境时，必须重视水质健康。

双重净水系统（图 5.5），通常包括前置过滤和主过滤两个环节，具有以下优势。

（1）前置过滤。作为第一道防线，前置过滤器能有效去除水中的大颗粒杂质如泥沙、铁锈等，保护后续的主过滤系统免受大颗粒杂质的损害，延长其使用寿命。同时，前置过滤还能提高水的清澈度，减少水中的悬浮物，为后续的净化处理打下基础。

（2）主过滤。主过滤系统通常采用更高级别的过滤材料和技术，如活性炭、超滤膜、反渗透（RO）膜等，能够进一步去除水中的余氯、异味、细菌、病毒、重金属等有害物质。经过主过滤处理后的水，水质得到显著提升，更加安全、健康。

5. 维度五：光照

光照是万物生长发育的必要条件之一，健康的光照环境对人体健康尤为重要。恰到好处的光线环境，能减轻视觉负荷、缓解用眼疲劳及降低体力和脑力的消耗；符合健康作息的照明，能帮助人们获得更优质的睡眠、更充足的休息、更饱满的精神状态与更规律的饮食代谢，让心脑血管疾病、高血压、糖尿病、肥胖症以及其他慢性病的发病率大幅降低，有效提高生活质量。而过强和过长时间的自然光与人工光源，会对人眼和皮肤造成光辐射损伤；错误的光照时刻和低品质的光环境，例如空间照度不足、阴影、眩光等都会对心理造成不适。

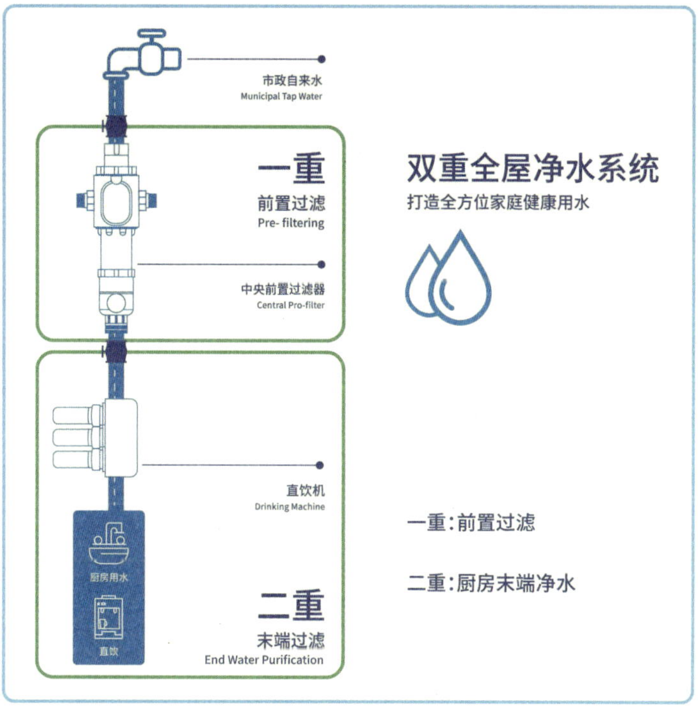

图 5.5　双重净水系统示意

住宅室内光环境关乎居住者的健康和心情,对生活起居舒适度有着至关重要的影响。影响光照舒适度的主要因素包括采光通量、采光面积、采光范围、遮阳、光照量、光照均匀度、防止眩光、显色性等。首先采光通量、采光面积、采光范围和遮阳是影响居住者日间居住舒适度的关键指标,既要保证充足的日照量、日照时长以满足正常的起居生活,又要避免过强的日照给人体带来的不适感。其次光照量、光照均匀度、防止眩光、显色性等指标影响夜间起居生活的舒适度,人工照明既要保证正常活动的照度要求,又要防止明暗不均和过于刺眼,损害人眼健康。同时,照明的颜色也会左右人体视觉的舒适度,进而影响人的心情。中建地产健康住宅体系通过优化建筑朝向、扩大窗墙比、增大采光面宽在保证住宅日间具备充足的日照的同时,规避了过强日照对人体的伤害。此外,应选用适合的照明灯具和参数,实现科学、合理的照明标准,保证住宅夜间用光品质和居住舒适度,使居住者全天候体验到身心的愉悦。

6. 维度六:空间

生活空间是人们日常起居活动的场所,空间的布局规划、功能分布、空间利用,不仅体现每个居住空间的价值,更直接影响到居住环境的便捷性、实用性和未来可持续性,并且对居住者家庭关系的和谐起着至关重要的作用，直接影响生活质量。因此居住空间布局必须以人为本，满足人们对高技术、高情感、高标准、高要求、高性能、高质量、高品位的现代生活空间的需求。

健康住宅技术体系从空间功能、空间安全、空间私密、设备设施等方面对建筑规划布局、社区交通组织、户型布局、人性化细节精心规划，全方位提升居住感受。现代生活对住宅室内空间功能提出了更全面的要求。传统户型缺乏家庭成员交流互动空间；室内收纳空间严重不足，日常杂物无处安置；厨房的布局及操作流线的不合理，给主妇带来更多的不便；后疫情时代入户空间作为家庭第一道防线缺少必要的功能。针对上述问题，健康住宅技术体系从以下几个方面做了功能的全面提升。

（1）设置多功能横置客厅（图 5.6）。横置客厅超大的空间尺度、丰富的功能组合，能满足一家人团聚的需求，为孩子玩耍预留安全空间，对主人的兴趣爱好亦有妥善的安排，营造其乐融融的家庭氛围。

图 5.6　多功能横置客厅示意

（2）采用走廊型玄关（图 5.7）。玄关区域是进入家中的缓冲区，一个好的玄关设计，不仅能成为整个家装设计的点睛之笔，更能起到意想不到的功能作用。玄关的多功能属性提升包括几个方面，打造“玄关鞋柜+挂衣区+置物”高标准功能配置，运用“底部镂空，鞋、衣分区”设计手法，便于常用鞋子放置及避免鞋、衣串味。走廊型玄关兼备“展示+收纳+清洁消杀”功能属性，洁污分离从入户开始。玄关设置钥匙挂钩及 USB 充电面板，方便业主使用。

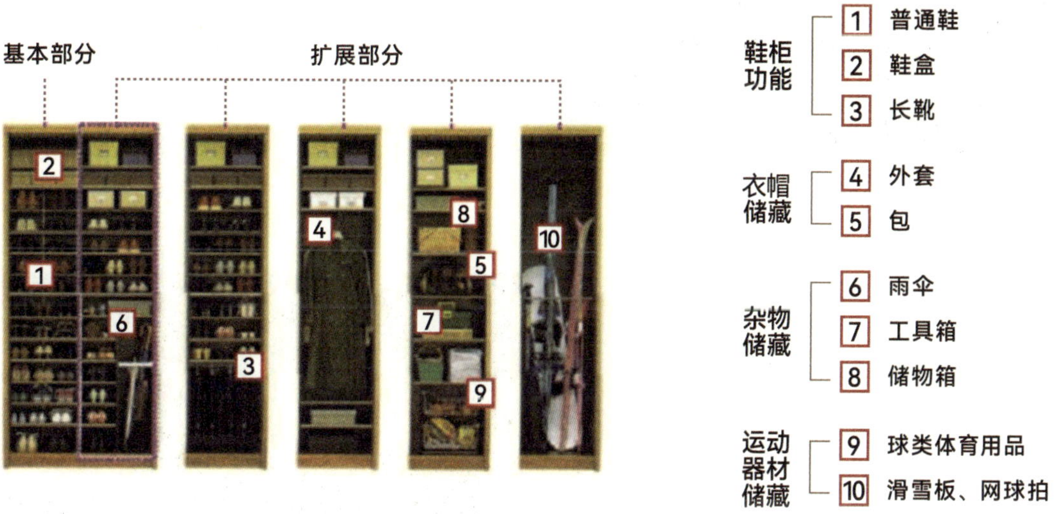

图 5.7　走廊型玄关示意

（3）打造功能拓展型厨房（图 5.8）。根据国外权威机构发布的数据，我们每天要在厨房行走 260 米，一年就是 96 千米，相当于跑了两个马拉松。如何让烹饪活动更省力更高效，最关键的环节就是要合理设计厨房布局。根据对业主生活习惯的研究，健康住宅技术体系精心设计了五大厨房功能区，分别对应拿、洗、切、炒、盛这五个烹饪活动。中厨烹饪及西厨煎炸功能空间，有着合理高效的拿、洗、切、炒炊事流程及完备的碗碟区、锅类区、调料拉篮、五谷杂物储存区等储存空间。台面上设置带开关插座，减少电器插拔次数。西厨岛台设置升降插座，兼备无线快充电功能，方便业主使用。

（4）配置步入式衣帽间（图 5.9）。衣帽间可大可小，在带来方便的同时，也让家居生活更具品质。让衣帽间发挥最大作用，合理的储衣安排和宽敞的更衣空间，是衣帽间的总体设计原则。步入式衣帽间有着 L 形的布局形式，化妆台与收纳衣柜完美契合，既满足男女主人的收纳需求，也为女主人提供梳妆的专用空间。“一字形”衣柜男女分区，合理的衣柜划分是高效收纳的基础。柜体内分为长、短挂衣区、西裤区、折叠区、置物区、抽屉格子区等多功能区域，将物品放置在相应区域，便于高效拿取，适应高节奏生活状态。

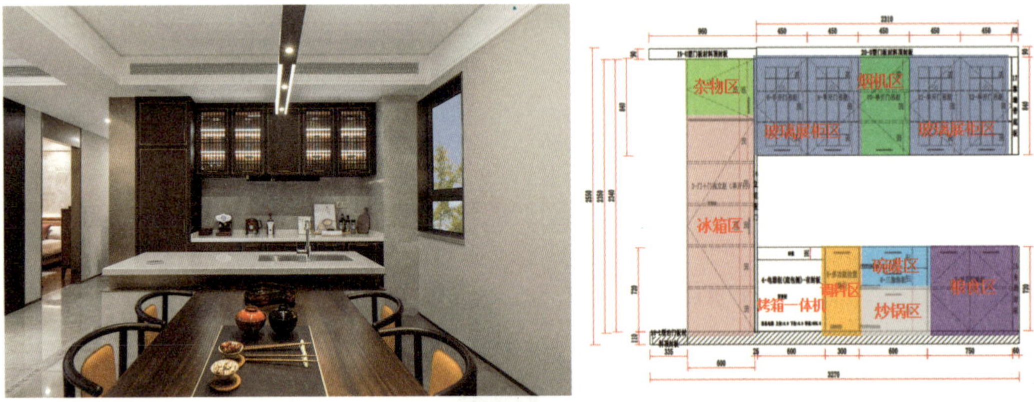

图 5.8　功能拓展型厨房示意

图 5.9　步入式衣帽间示意

7. 维度七:智慧生活

2022 年 5 月,民政部、中央政法委、中央网信办、发展改革委、工业和信息化部、公安部、财政部、住房城乡建设部、农业农村部等九部门印发《关于深入推进智慧社区建设的意见》(下称《意见》),明确了智慧社区建设的总体要求、重点任务和保障措施等。《意见》提出"到 2025 年,基本构建起网格化管理、精细化服务、信息化支撑、开放共享的智慧社区服务平台,初步打造成智慧共享、和睦共治的新型数字社区"。

社区,是城市的最基本组成单元,是城市居民生存和发展的载体。基于物联网、云计算、移动互联网等高新技术的智慧社区,是智慧城市的细胞。智慧社区,集成应用各种信息技术,通过全方位监控、家庭安全保障、远程监控与维护、在线沟通与服务、智能家居、智能健康与出行、智慧节能、信息共享平台等,为社区居民提供更安全、便捷、智能的生活环境,打造信息化、智能化的集管理与服务于一体的新型绿色健康社区。

5.2.2 精神层面——营造幸福生活

1. 维度八:社区环境

人是社会性动物,人与人之间的交往、社会活动是不可或缺的,社区作为构成现代社会的基本单元,承载了城市居民对人际交往、社会活动的基本需求。因此,社区规划与建设在满足居住者切身利益,如住房、服务、治安、卫生、教育、对内对外交通、娱乐、文化等多方面需求的同时,还要兼顾居住者对社交活动、社会活动的需求。理想的社区环境以完善的硬件、软件建设,构筑具有基本公共服务设施、健全便民的商业服务设施、完备的市政配套基础设施、充足的公共活动空间、全覆盖的物业管理和健全的社区管理机制的居住氛围,让居住者充分体验到归属感、形成认同感。

健康住宅技术体系从服务设施、交往空间、儿童成长、景观环境、运动健身等方面打造高质量的社区环境,充分满足业主生活、交往等多方面生活需求。

一是提供人性化社区服务设施。社区卫生服务中心为老年人提供体检、康复等基础医疗服务,关爱老年人的身心健康。全区无障碍通行使道路做到无障碍物、无危险物,景观构筑物设置标识和提示,在道路节点中设计一些休息平台,营造一个充满爱与关怀,能切实保障人们安全、舒适的生存环境。

二是打造多元化的交往空间。社区入口大堂、每个楼栋入口设置交往大堂,会所配置咖啡厅,为业主提供室内沟通、交流的场所,实现风雨无阻的社交环境。社区景观空间设置社区会客厅,将室内的功能拓展至室外,引导业主从室内到户外,融入自然,沉浸于社区绿色森林中。良好的居住环境使邻里交往空间更具协调性、方便性、亲和力以及吸引力。乔木与座椅点缀其间,让人静下心来,侃侃而谈,树木掩映中尽是动人的欢声笑语,提升生活品质的同时,也为社区提供全龄共享、休闲交流与小聚放松的户外社交空间。室外阳光草坪不仅能带给人们闲适自由的心理感受,还能提供广阔健康的休闲活动空间。业主可以进行户外瑜伽、野餐,这样的空间也能够拉开距离,使业主安静享受草地日光浴。周末及节庆还可以在此组织策划儿童生日聚会、科普活动、露天电影放映、周末集市等各种活动。上述室外交往空间促进了人与人之间全天候的和谐交往。

三是提供丰富的儿童成长空间。自然小课堂在社区景观中融入花境设计，采用季相植物、草本植物、芳香植物等，形成能充分调动五官感受的庭院空间，丰富小业主植物认知的同时，对其身心健康产生积极影响。农耕蔬果园从播种到收获，激活社区“田趣”链，让业主在社区的土壤上也可以收获自己亲手种出的果实，用瓜果蔬菜打造出了美观又实用的景观，社区也变得美丽和美味。昆虫旅馆吸引大自然中的昆虫来昆虫旅馆寄宿，孩子可以观察昆虫的生长和生活，在自然中运用五感去观察、寻找、体验，亲近大自然，了解昆虫对于植物的意义，帮助他们与自然建立联系。

四是营造科学适宜的植物景观。科学的植物搭配不但可以使人们的身心得到放松，也能满足业主对大自然的向往与渴求。园区绿化从树木、花卉的搭配以及景观竖向设计等多方面、多维度进行植物甄选。植物品种方面，选择抗病虫害、无毒、无花粉污染的适种植物，近人处不种植带针刺的植物，以减少对人体的伤害；社区主次干道和街道以种植乔木为主，选用花、灌木为陪衬，路两侧种植高分支点伞冠乔木，形成林荫道，为业主提供舒适的室外生活环境。

2. 维度九：运动健康

生命在于运动，现代社会的快节奏与高压力催生人们对运动健身的强烈需求。同时，现代社会人们对身心健康和医疗保障的重视程度与日俱增，完善、便捷的社区健康和医疗设施体现出对业主的人性关怀。健康住宅技术体系在住区内规划了全龄运动设施，满足儿童、学生、青年人、老年人各年龄段人群的健身需求，同时为业主提供健身指导及运动保健服务，丰富、完善的功能配置达成业主足不出社区即可实现健身运动的目标。

一是打造全龄健身的运动社区。我们都在追寻着向往的生活：让自己的孩子，在不同的年龄段都可以在游乐设施里开心“撒野”，结识同龄伙伴；自己下了班，下楼就能跑步健身；父母在满眼绿意和鲜氧中，健身散步，有多年老友旧邻，有含饴弄孙之乐……这是我们梦寐以求的幸福。健康住宅技术体系中的社区规划既具有景观功能与视觉美感，更拥有多元化配套设施，可满足不同年龄层的人群的健身休闲需求。社区分年龄段设置儿童活动场地，根据不同年龄儿童的生理、心理及行为特征，设置了适合不同年龄区间的儿童的活动场地，构建童趣世界和释放天性、表达自我的活力场，用最安全、最适合儿童成长规律的设施助力孩子成长，让各年龄段的孩子都能在自然中尽情游戏、主动探索，拥有欢乐的童年，于寓教于乐中发展情感与智慧。

中小学生体育测试训练场根据学校考试必考项目设立了立定跳远标线，引体向上、仰卧起坐等体测轻器械，帮助中小学生在家门口实现轻松练习，提高体育成绩；提供针对性活动场地，满足中小学生的运动需求，同时增强亲子互动，促进家庭和谐。

青年健身场地解决了许多人在有限的时间内无法兼顾家庭陪伴和自身运动需求的矛盾问题。无人值守的 24 小时健身空间可将业主的碎片时间利用起来，打破时间的制约，让运动不再需要取舍。建造的集中全民健身场地，让中青年在社区内就能享受到专业的健身器材，既能释放生活、工作压力，又保证了身心健康。活力跑道以“健康慢跑”为理念，让有氧跑道贯穿社区，致力于创造出覆盖全年龄层的良好社区运动氛围。日常的运动能为身心带来愉悦感，而这正是珍贵生活的重要内核。社区配备热身区、慢跑区、冲刺区、缓冲区和放松拉伸区，以人体工程学为设计依据，提升跑道的舒适度和专业度，让业主奔跑的每一步都更加健康。如果剧烈的有氧运动后还想增加一些力量训练，跑道附近设计了健身器材区，减脂增肌各取所需。

老年活动场地通过对规划布局、场地布置、活动模块、人性化设施、场地材料及细节的分析研究，从老年人生理、心理以及行为特点出发，从安全性、植物配置、铺装材质等多方面、多维度破除其因生理退化、脱离社会一线而产生的失落感、无用感、孤独感和恐惧感等心理障碍，从而打造“布局合理、健康舒适、便捷适老”的长者锻炼休憩空间。丰富的会所配套功能为社区居民提供足不出户的高品种运动服务。此外社区会所配置了室内恒温游泳池、运动健身器械以及瑜伽、桌球、乒乓球以及迷你高尔夫等运动设施，满足不同人群的多样性运动需求。

二是提供基础的社区医疗和居民健康保障。公共卫生方面，医疗资源紧张、就医难，缺少日常健康管理，使得当下中国社会对于医疗服务的需求与日俱增。有限的社会资源无法满足人们的需求，社区医疗保健成为未来发展的一种趋势。同时，基于社区卫生服务的健康信息普及，有利于提高居民健康意识和认知水平。为此住区配置卫生服务中心，提供足不出社区的医疗服务。社区卫生服务中心与三甲医院合作建立医联体，提供远程诊疗、双向转诊等服务，并引入中医保健服务。社区建立居民电子健康档案，完善家庭医生服务，实现智慧健康管理。

5.3 引领时代的五好健康幸福家产品体系

2024 年，本书编写组通过对国内外各种不同的健康住宅评价标准的深入研究发现，目前现有的健康住宅评价标准并不能全面指导房地产开发公司打造新时代的健康住宅产品。国外相关标准的评价维度较全面，但许多细则与我国国情并不相符，如一味套用可能会导致“水土不服”。国内相关标准的评价维度则更多地关注室内健康空间的打造，对于社区的打造，居民健康行为的引领，居民精神健康的关注还略有不足。因此编写组通过借鉴国内外健康住宅评价标准的部分维度并结合业界实践提出“好设计、好建造、好配套、好服务、好邻里”五好健康幸福家的产品体系，并将该产品体系推向业界实践，致力于打造新时代的健康住宅。

5.3.1 好设计

随着时代的发展与居民需求的迭代，健康住区的研究与发展必须与时俱进，快速适应新时代、新技术、新意识形态带来的改变。在这个过程中，构建人与人、人与建筑、人与自然、人与环境之间良性互动的人居环境，与健康住宅打造紧密相关。一个好的房子，不仅应该具备舒适的居住空间，还应该在设计上充分考虑到人们的健康需求。它应该是一个能够促进人们身心健康的场所，让人们在其中感到安全、舒适和愉悦。因此，好设计需要从项目的选址规划、室外交通、建筑布局、空间组织、配套设施、建筑风貌、室内健康环境打造、住区场景营造等方面进行全方位规则，为人们提供一个健康的生活环境。

1. 五好健康幸福家设计理念

（1）着眼于全龄健康。居民由于性别、年龄、生活习惯不同，在实际生活中对健康的具体需求（包括形式和内容）亦不相同，隔代居住所面临的居住健康需求则更复杂，而环境对人的影响是长期的、持续的，故必须实现对环境及人的动态干预，且干预的技术与手段还要适应居住者的需求变化。全生命周期需求分析对居住者在不同生命阶段可能面临的需求进行细致规划和设计，以确保居住空间能满足其从单身期到鳏寡期的不同生活需求。住宅设计应充分考虑不同阶段的需求，通过灵活的空间布局和细致的设施规划，满足居住者从年轻到老年的各种生活需求：①单身期，居住者注重个人隐私和独立空间，对社交区域和娱乐空间的需求较大，同时需要一定的存储空间来摆放个人物品；②新婚期，新婚夫妇需要更多的共享空间，如客厅、餐厅以及较为私密的主卧室；③育儿期，对家庭活动空间的需求增加，考虑设置宽敞的客厅、餐厅并为儿童设置学习区和游戏区；④空巢期和鳏寡期，居住者需要更多的关怀和辅助，如家政服务、医疗保健等，空间设计应考虑无障碍设施的配置。

（2）注重主动式的健康引导。健康是指在身体、精神、社会上完全处于良好的状态，疾病预防只是基础，健康促进则是良好状态的体现。因此健康住宅研究也必须向健康促进迈进，除了被动式设计，也要有主动式服务引导。主动式的健康引导需要从运动、文化、心理、营养、医疗、公共卫生等方面共同研究，以一种全新的思路开展健康住宅研究，致力于打造良好的配套服务，引导并促进人们主动运动、养生并规避不健康的生活习惯，进而帮助人们实现健康生活。

（3）打造智慧化的健康管控技术。健康住宅技术体系通过先进的信息采集技术和大数据、云计算等技术，可以综合得出住区居民的数据矩阵，精准推送与之相匹配的健康服务。通过搭建健康住宅智慧健康家庭服务平台，从环境、行为和医疗三个方面切实提升住区健康性能，而且可使居住者在家中以自然状态感知环境信息和生命信息。

2. 健康住宅设计八大维度

从居民实质性生活需求出发，本着“匠造健康幸福家”理念，本书编写组将健康住宅设计分解为归家体系、人车分流、建筑美学、创新户型、全龄景观、智慧社区、七恒住宅、未来社区八大维度（图 5.10）。

图 5.10　健康住宅设计八大维度

（1）归家体系。针对业主归家动线打造了四重归家体系，演绎尊贵的归家序列感受，园林景观延续传统园林礼制标准，构建礼（登门望府）、迎（礼序迎宾）、美（优雅立面）、仪（归家前厅）四重归家礼序，让业主在归家时刻充分感受尊重。

一重门庭礼。采用石材、铝板、玻璃幕墙、泛光照明等营造场地的过渡以及整体场所的完整感，社区酒店式精装归家大堂均实景呈现，让客户前瞻性感受归家的亲切感。

二重迎宾礼。采用迎宾景观序厅、叠水景观、林荫大道、社区会客厅组团庭院等景观，将自然融入建筑，一石一木都蕴含了设计师们的匠心。将水色、风声、树语融入生活中来，产生自然诗韵的意境，帮人们摆脱喧嚣，与自然重遇，这才是归家该有的礼序和享受。

三重登堂礼。礼序相迎，层层递进，精心打造的归家大堂给予业主“出入皆礼遇”的体验。入口采用石材、铝板、真石漆等建筑材料，立面细节精雕细琢，室内古铜拉丝金属搭配高级灰调，营造奢华感的同时不失归家的温馨，打造高品质入户体验，实现产品保值增值。

四重形象礼。地下车库主要出入口配置精装地下归家前厅星空顶、背景墙、全方位精细化的归家指引，演奏愉悦的归家乐章。

（2）人车分流。人车分流让生活安心有序。理想中的生活，应当是清风鸟鸣相伴，而无喧嚣相扰。人车分流的设计，让行车直入地库，人车各行其道，互不相扰；更可有效隔绝鸣笛声和汽车尾气，营造静谧健康的居住环境。充沛的车位，令归家有“位”幸福到“位”。此外，地上的充足空间让景观得以延伸，孩子可以肆意奔跑，释放纯真天性，长者可以悠闲漫步、调养身心，年轻人更能随心运动。

（3）建筑美学。建筑应是代表一个时代的审美标准的，建筑代言着城市的审美。独特的辨识度和历久弥新的生命力，使建筑经得起过去与未来的审视，在历史的长河里永不褪色。可从高品质示范区、经典建筑立面、优雅室内精装、归心园林景观四大方面，打造极具辨识度和艺术气质的建筑，为当代人居筑起美学灯塔。每一个项目皆顺应地脉、人居需求，兼具艺术审美价值，打造了适宜现代人生活的“交互性极强的典范城市空间”，为城市创造属于当代的记忆。

（4）创新户型。将对未来生活的思考融入居所空间中，倡导更融合的空间结构，让学习、办公、分享等居住需求不再受场景限制，让家变成容纳社会角色的新载体，从人与人的角度，打造宽境生活空间，兼顾仪式感与舒适度，赋予居住空间可居、可学、可玩的多种属性，促进家人间的情感交流。从人与物的角度，打造全屋八大收纳体系，通过结构创新、美学融入，让物的收纳与生活场景完美融合。合理划分动区（如客厅、餐厅、厨房等）和静区（如卧室、书房等），减少不同活动之间的干扰。例如，将厨房设置在靠近餐厅的位置，方便食物传递，同时避免厨房噪声影响在卧室的休息。为每个家庭成员规划专属的私人空间，同时设置足够的公共交流区域，以满足家庭互动和社交需求。空间尺度适宜，保证房间的面积和高度符合人体工程学要求，使居住者在室内活动时感到舒适自在。比如，卧室的面积应能容纳一张舒适的床和必要的家具，同时留有足够的行走空间。走廊和通道的宽度要便于人员通行和家具搬运，避免狭窄造成的不便和局促感。

（5）全龄景观。从规划布局开始，注重对自然的珍视和融合，注重对景观园林的营造，旨在让房子在自然中生长。从人性关怀角度出发，打造活力运动景观社区，无论哪一个季节，都能以专属景观，陪伴居住者的美好生活。

儿童乐园。童年就是一场不断探索和发现的冒险之旅，在不同社区结合地块特征，规划不同主题儿童娱乐区，为孩子编织不同的成长故事。配置专属娱乐设施，满足不同年龄段儿童探索、发现、求知的需求。

风雨会客厅。将自然景观、建筑艺术、人文关怀结合起来，打造兼具会客、休憩、娱乐、观赏等功能的景观会客厅，为生活创造出一方雅趣意境，为邻里预留一处温馨的交流场所，给予业主更多美好生活可能。

中央草坪。从生活本质出发，规划一方绿茵辽阔的草坪，让清风、阳光在这里穿巡，增添社区的灵动与生机，赋能富氧生活，让美好意趣发生。

全龄活动中心。打造全龄活动中心，让每一个年龄层都能找到自己的主场，以匠心铸就每一个家庭的幸福时光。

（6）智慧社区。除生活舒适度外，整个社区的安全以及服务在日常生活中更为关键。九重安防体系可以对社区内的外来人员、出入物品进行严格把控，对重点楼层、部位进行管控，全方位保障业主生活安全。七大智能化系统，从归家的第一步起，便以科技手段给予业主全方位的照顾。

（7）七恒住宅。追求健康已成为大家的共识。健康、安全的人居环境，成为人们心中美好生活的理想标准。聚焦探索与实践绿色科技住宅，打造七恒六度舒适空间，以七恒健康科技住宅技术标准，着力满足对美好居住环境的需求，从温度品质、湿度品质、氧气含量、空气品质、声环境品质、智慧家居、工程品质七大维度，通过对健康细节不断探索、挖掘，提升建筑的健康性能，打造健康舒适的居住空间，重新构建健康的生活方式和精神价值，对健康文化进行再定义，致力打造“以一替六”的七恒系统，以一套系统集中实现空调、地暖、新风、除湿机、净化器等的功能，打造恒温、恒湿、恒氧、恒洁、恒静、恒智慧、恒品质的健康住宅，营造安全、健康、舒适、低碳的人居环境，引领未来建筑发展方向。

（8）未来社区。产品力是决定社区幸福感的关键要素。未来社区深度契合广大新生代居住者的生活需求与关注点，从低碳、建筑、邻里、教育、医疗、创业、交通、服务、治理九大场景悉心研究营造有归属感、舒适感、未来感的生活社区。与传统社区相比，未来社区在以下六个方面有独特内涵。

美好生活是目标追求。未来社区更加注重人的美好生活需要，以功能复合的邻里中心为依托构建 24 小时全生活链功能体系，有机叠加教育、健康、商业、文化、体育等高品质公共服务，合理配建适老化公寓、托育中心，为“一老一幼”提供友好生活环境。

美丽宜居是环境底色。未来社区更加注重社区优美环境打造，充分运用新材料、新技术，减少建设过程和建筑在运营阶段的环境污染；合理优化社区空间规划，打造多样化，个性化的立体绿化空间，建设成网成环的慢跑绿道，演绎绿意盎然的生态交响曲。

智慧互联是基本特征。未来社区更加注重数字技术在社区建设运营中的应用，利用互联网、物联网、大数据、云计算、人工智能等先进技术不断为社区赋能。

绿色低碳是核心理念。未来社区更加注重低碳生活方式和生产方式，提升绿色低碳出行比例，降低社区能耗水平，严格实行垃圾分类，促进生活垃圾源头减量，创建无废社区。

创新创业是时代风尚。未来社区依托社区智慧平台，激发共享经济潜能，促进社区资源、技能、知识全面共享。

和睦共治是治理方式。未来社区强化社区自治功能，由居民共同管理社区事务，有效推进社区治理体系和治理能力现代化。

3. 城市更新下的好设计典型应用

城市更新已成为城市发展的重要推动力量，也成为房地产市场重要的参与方式之一。现阶段，城市更新特征是以智能、高效且可持续的发展，积极推动中国城市的现代经济发展。经验丰富的规划专家、城市更新的相关机构和私营部门通力合作，在项目讨论及策划阶段需要充分参考当地社区的意见，以人为本便是一个明显的特征。

城市更新有五大特征，分别是产业赋能、片区统筹、政企联动、文化保育和生态智慧。

围绕产业的迭代升级，城市更新为城市注入更多经济活力，为战略性新兴产业、高科技产业提供更多产业空间。针对更新片区，城市更新以系统化思维、全局化思维，站在大片区城市更新的角度从整体价值提升和社会福祉增进的角度统筹规划，解决整个片区空间的资源配置问题，客观上也为争取在片区范围内适当进行用地置换、容积率指标调整创造了条件，有助于优化空间资源配置效率。在实际操作过程中，其以政府为主导，以市场化运为主要模式，平衡各方利益，结合自上而下与自下而上，激活市场活力，兼顾规划导向和公共利益。对历史文化建筑进行分级，拆改留并举，平衡文化的保护传承和空间的开发建设。同时针对老旧片区，充分引入既有建筑改造技术、前沿的 5G 技术、大数据技术、绿色建筑手段，为片区居民打造新的居住条件，赋予城市片区新生。

从国际经验中我们也发现，从碎片化思维到整体化思维的视角转变，成为城市更新过程中传承、孕育城市精神的关键基础。无论是纽约法定文本的出台，抑或是波士顿州议会大厦的改造，虽实现方法各异，但都跳出了针对单体项目的经济价值与社会价值来考量“拆与留”的框框，而站在片区整体发展层面，从中观视角切入，帮助孤立存在的建筑个体实现与现代城市功能的无缝对接，用“活着的老建筑”诠释了新时代下包容进取的城市精神。

在城市更新实践过程中，为了更优达成城市发展与居民宜居的共赢，在国内外城市规划设计阶段，不同项目结合实际诉求与客观环境，迭代出一批先见性的实践案例，为城市更新背景下的好设计提供了有益参考。

（1）城市更新中老旧住宅改造。

在城市更新的进程中，老旧住宅的改造问题无疑是一个不容忽视的痛点。这些老旧住宅存在的种种问题，不仅严重影响着居民的日常生活质量，更是城市可持续发展道路上的重要阻碍。

我国众多城市的老旧住宅，普遍存在着一系列令人担忧的状况。建筑性能较差，使得居民面临着居住安全隐患；管道系统老化，导致用水、排水等方面时常出现问题，给居民生活带来诸多不便；社区配套功能的缺失，让居民在日常生活中缺乏必要的便利设施；违章搭建严重，不仅影响小区整体环境美观，还可能带来安全风险；停车位不足，给居民的出行带来极大困扰。

然而，解决这些问题并非易事，需要我们以一种全新的视角和策略去应对。城市更新应以人民为中心，将居民的需求放在首位，以健康、安全、幸福、生态为改造要求，这不仅是对居民权益的尊重，更是城市发展的必然选择。

从物理维度来看，我们需要对老旧住宅进行全面的修缮和改造。这包括对建筑结构的加固和维护，提升其抗震、防火等性能；对管道系统进行更新换代，确保水电供应的稳定；增加社区配套设施，如健身器材、儿童游乐设施、绿地等，为居民创造更加舒适的生活环境；合理规划停车位，解决停车难题；同时，对小区的违章建筑进行清理，恢复小区的原有秩序和美观。

而在精神维度上，我们要注重提升居民的幸福感和归属感。通过开展社区活动，加强邻里之间的交流与互动，营造和谐的社区氛围；引入智能化管理系统，提高小区的管理效率和服务质量；注重文化传承和特色塑造，让老旧住宅在保留历史记忆的同时，展现出独特的魅力。

通过物理和精神两个维度的改造，我们能够将老旧住宅打造成为宜居、宜业、宜游的美好家园，实现城市发展与居民宜居的双赢。这不仅是一种可持续的更新路径，更是对城市未来的一种投资。

（2）城市高密度区域集约规划。

Transit-oriented Development（TOD），即“以公共交通为导向的发展”，于 20 世纪 80 年代末期被提出，也是反对城市无限蔓延的规划概念之一。在城市更新实践过程中，TOD 成为高密度区域更新的有效规划策略。该规划模式强调充分利用公共交通设施来引导发展，构建布局紧凑、土地混合、功能复合、适宜步行的社区。在社区中央布置公交站点以及围绕站点的商业等方面的公共设施与空间，而从中心向外适合步行的半径距离所覆盖的范围则是居住区域。通过合理的设计，鼓励大众使用公共交通结合步行的出行方式，减少小汽车的使用，这与健康住宅的理念紧密契合。

TOD 的规划包括以下原则。第一，街道的布局。街道不仅要为小汽车服务，还要兼顾自行车以及步行等慢行行为。街道不仅连通 TOD 区域以外的城市交通，也连通其内部的各条街道，这种布局能有效提升 TOD 区域的生活体验，也有利于居民的身心健康。第二，步行的连贯性。社区内部的步行道直通各个建筑物，为居民提供最为亲近、便捷的空间，应充分保持其连贯、易于识别的特性，方便居民在其中享受安全的体验，这对居民的日常活动和健康至关重要。第三，土地综合利用。TOD 应该混合使用土地，充分提高核心区域的土地利用率，同时也要尊重现有设施以及正在建设的项目，做到功能综合、新旧综合，这为居民创造了一个丰富多样的生活环境，有益于其身心健康。第四，核心的标志。TOD 区域的核心区是公交站点与商业、办公等功能区域，应尽可能显示出其易于识别的特征，使其成为区域的核心标志点，这有助于提升居民的归属感和安全感。第五，较低的居住密度。较低的居住密度可以提升居民的生活体验，真正打造适宜人居的社区，为居民提供舒适的居住空间，有利于其身心健康。

（3）产业赋能要求场景营造。

城市更新要求对现有城市功能置换、活化，引入新兴产业，带动城市活力，使其成为城市的重要构成部分。城市核心区往往具备高密度人群及消费需求，如何构筑适应现代社会消费需求的场景，增强产业与居民需求之间的联系成为城市更新的重要课题。例如南京在 2020 年“四新”行动的开展过程中，提出加速“新基建”，激发“新消费”，培育“新产业”，打造“新都市”。城市更新无疑将更有效地帮助南京实现“四新”行动目标，为城市建设提供新的活力。

2019 年 5 月，南京市规划和自然资源局编制《南京主城公共空间规划》。该规划按照“合理规划建设广场、公园、步行道等公共空间，方便居民文体活动，促进居民交流”的要求，在积极推动城市公共空间合理利用的同时，也积极响应了政府在主动健康行为上对居民的引导，充分彰显南京城市特色。

对公共空间的合理设计、塑造有利于延长各类城市更新项目的繁荣期。同时通过对空间的重塑、设计再造，业态的引入，丰富的活动，提升区域内的人气，增强社区居民的归属感，从而提高城市竞争力。

欧洲和北美的许多城市已经塑造了诸多场所，而中国的城市现在才刚开始接触、采纳、试验场所塑造的一些概念，为城市发展和更新中面临的挑战寻找塑造最佳宜居体验的解决方案。

（4）历史文化肌理活化。

商业是城市更新改造的重要一环。对历史文化街区而言，通过活化改造注入新鲜的时代血液，既使历史建筑重焕光彩，亦令更多人群沉浸其中，形成互动。在上海新天地、成都远洋太古里等地，兼有历史与现代感的商业街区已经成为一张城市名片，吸引人潮纷至沓来。

居住复合型历史文化街区是历史文化街区中相当普遍的一种类型，以居住为主要功能且以传统民居建筑、传统生活文化为核心价值，在物质载体方面包括形式多样的传统民居建筑，满足居民日常需要的商业、教育、宗教等配套服务设施。其是构成当地风貌的重要组成部分。

上海市成片保护改造历史文化风貌区和优秀历史建筑的八个试点项目之一——上海建业里的改造项目，将住宅改建为酒店式公寓或商业、餐饮及办公空间，保留居住功能并合理开发地下空间，为上海传统民居——里弄的保护更新提供了一种思路和模式。

建业里是上海市中心现存最大的石库门里弄建筑群落。随着时代变迁，房屋普遍存在老化损坏现象，使用过程中的私搭乱建也加速了空间的衰败，与其所在的核心城市区位极不匹配。上海市在对其的保护改造中进行了如下尝试。

一是留存城市空间肌理。作为上海石库门里弄的典型片区，更新的首要原则是保留里弄特殊的肌理和文脉，避免在大拆大建中丧失城市的标志性记忆，而其更新又无法忽视资本驱动下的价值诉求。所以建业里采用了整体空间保留、局部建筑复建的方式实现这种平衡。根据建筑的不同状态，更新采用了不同的处理策略：西弄由于建造年代较晚，建筑品质较高，采取了“修旧如旧”的策略；东弄和中弄建筑品质较差，现状条件恶劣，采用了“建新如旧”的策略。在满足功能需求的基础上，完整地保护了石库门里弄的片区肌理。

二是注入居住复合功能。为了重新利用这片传统民居，需要在不同条件的里弄空间植入与之相适用的功能：西弄通过移除芜杂的搭建、恢复前天井等方式，更新为酒店式公寓；复建的东弄、中弄临街排屋开设零售商店和餐厅，底层局部作为酒店式公寓的接待门厅和社区办公场所，其他楼栋保持住宅功能。

三是石库门里弄保护技术尝试。由于目前很多石库门里弄建筑工艺已经失传，原料缺失，这对建业里的修缮保护工作提出了极高的挑战。在风貌恢复方面，建筑材料尽可能使用传统建材，对一些重要部位的装饰构件测绘复原，对原有的一些钢筋混凝土预制构件再利用，新的门窗采用与原来相同的木材，而且形式为原样式。在东弄、中弄采用陶土砖替代已禁止使用的黏土砖，在西弄清洗修复原有黏土砖，尽可能恢复 20 世纪 30 年代建成时的历史风貌。

四是提升居住空间品质。东弄、中弄在恢复原有空间格局的基础上，增加了二层地下室，并通过下沉式的天井将光线引入地下室。通过现代技术手段充分开发利用地下空间，营造立体的居家环境，并在地下二层设有汽车库，满足现行规范对住宅车位的配置要求。

建业里的修复整治方式虽然在学术界还存在一定的争议，但不可否认其更新在保留旧日石库门里弄主要空间特征及风貌的同时，满足了人们对现代生活设施的需求，从而实现了价值再生。

除建业里外，因更新目标、城市区位、原住居民腾退方式等的不同，居住复合型历史文化街区的更新模式千差万别。以上海为例，居住复合型历史文化街区的更新还包括其他典型模式。如新天地模式——通过保留里弄空间格局和大部分旧建筑外墙体，对其余部分拆除重建，将石库门里弄改造为“高档化商业”的更新模式，再如田子坊模式——保留部分原住居民，由知名艺术家入驻复兴艺术作坊，居民以其住宅上住下租、政府出资改善基础设施的方式参与开发的“社会介入式”活化模式，还有步高里模式——着重改善居民生活质量，严格按文物建筑保护的要求进行修缮的“改善性”微更新模式，等等。

居住复合型历史文化街区的更新是城市核心区域更新的重点，也是一个长期、缓慢而有机的过程。相较其他类型的历史文化街区，其更新除了要注重传统的民居肌理和生活空间等在物质上和形式上的保留与保护外，更要关注其广泛的社会属性，有必要关注长期居住其中的居民及其生活方式、邻里交往等社会性问题。如何避免全盘“士绅化”的更新倾向，以及避免在高强度增容后老城内医疗、教育、交通等方方面面的压力的剧增，是一个复杂而长期的课题。

5.3.2 好建造

1. 好建造概述

好建造是“好房子”的落地保障。一个好的建筑要以国家规范为基本要求，并在此基础上，具备适用、经济、美观、绿色四大建筑要素。降低人类活动对自然环境的影响一直是全球各个国家面临的共同问题，而建筑行业作为我国积极落实“双碳”目标的重要组成部分，被赋予了更重要的任务。在保证住房质量的前提下，一些环境友好型建筑技术如装配式技术、新能源利用、被动式与主动式相结合的建筑技术被重新提及，一些环境友好型新材料被推广应用，如 E_{NF} 级、E_0 级板材，LOW-E 窗户等。正如党的十九届五中全会提出，把“科技自立自强作为国家发展的战略支撑”，“面向世界科技前沿、面向经济主战场、面向国家重大需求、面向人民生命健康”。我们要牢牢把握“科技是第一生产力”，深刻认识“科技创新对企业发展的重要支撑引领作用”，积极开展“五个建造体系”专项研究，通过人文建造、科技建造、智能建造、绿色建造、精益建造，推进企业高质量发展。

好建造体系以精细化的“五个建造体系”（图 5.11）生产管理理论为理论基础，以好材料+好工艺为抓手，面向建筑产品的全生命周期进行全方位把控。其是以“匠造健康幸福家”为宗旨，以“发展引领——五好健康幸福家”原则为指导，对 16 大核心技术、354 项工艺细节落地的项目管理过程进行优化和部署，在保证质量、工期合理、消耗资源最少的前提下的新型工程项目管理模式，旨在建造出令客户满意的健康建筑产品。好建造与好设计、好配套、好服务、好邻居的全周期管理承上启下，相辅相成。

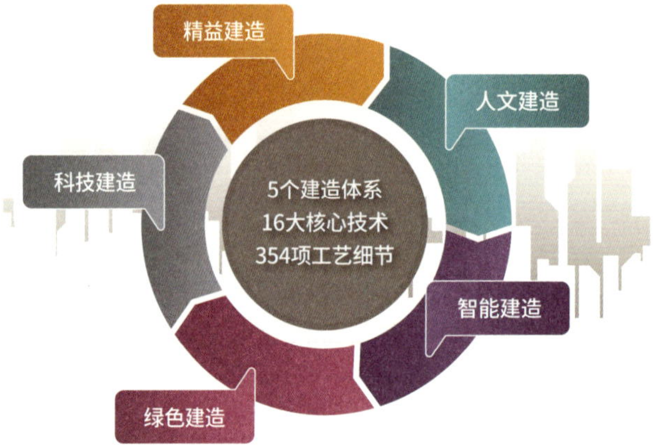

图 5.11 “五个建造体系”

2. 好建造技术的更新与发展应用

“五个建造体系”中的四大建造过程管理维度即科技建造、智能建造、绿色建造、精益建造，强调科技、智能、绿色、精细化施工过程管理，为项目高品质呈现提供了体系保障。

（1）以科技建造为引领，提升产品技术含量。科技建造是利用有效的科技手段服务建造全过程，通过科技创新，实现科学技术赋能企业转型升级的工程建造活动。科技建造强化科技领导统筹、加强科技研发管理、促进科技成果转化、营造科技创新文化，项目建造过程中应充分发挥科技的引领支撑作用，保证项目的安全与质量、保护生态环境、降低成本、提高效益、推动成果转化和应用。

（2）以智能建造为方向，引领住宅未来发展趋势。智能建造指在建造过程中充分利用数字化、网络化、智能化技术，对工程项目全过程信息进行规范化建模，实现数字链驱动下的工程项目规划、设计、施工、运维一体化的建造与服务模式，提高建造过程的智能化水平，达到提高建造和资源利用效率、交付高性能工程产品、实现工程项目全生命周期增值和生态可持续建造。智能建造的实施能对工程生产体系与组织方式进行全方位赋能，促进工程建造过程的互联互通、线上线下融合、资源与要素协同，并积极推动建筑业、制造业和信息产业形成合力；智能建造体系基于以“三化”“三算”为特征的新一代信息技术，发展面向全产业链一体化的工程软件、面向智能工地的工程物联网、面向人机共融的智能化工程机械、面向智能决策的工程大数据等领域技术，支持工程建造全过程、全要素、全参与方协同和产业转型。

在工程项目管理软件方面，得益于对国内规范、项目业务流程的高度支持，加之国内厂商的持续研发投入，国产软件已经形成了较完整的产品链。工程物联网将改善施工现场管理模式，支持实现对“人的不安全行为、物的不安全状态、环境的不安全因素”的全面监管。智能化工程机械是在传统工程机械基础上，融合了多信息感知、故障诊断、高精度定位导航等技术的新型施工机械。工程大数据是工程全寿命周期各阶段、各层级所产生的各类数据以及相关技术与应用的总称。经过长时间的发展和积淀，我国在智能建造领域取得了长足进步，形成一系列成果。但是，面对国内建筑业转型升级的需求，对照全球发达国家智能建造的发展势态，我国智能建造的发展仍然面临诸多困境。在市场环境方面，建筑业企业已形成对国外相关产品的使用习惯，产生了数据依赖，相关产品替换难度较大；国产产品用户基数少，缺少市场意见反馈，进一步加大了与国外同类产品在功能和性能等方面的差距。在企业部署方面，国内厂商战略部署不清晰，未形成与上下游的深度沟通，不利于产品布局的纵深发展；国内厂商起步晚，生态基础薄弱，资源分散严重，不少国产产品在细分市场仍处于整体价值链的中低端位置；国内厂商的自主创新能力与意识仍然较弱，国际领先的创新成果相对较少。

（3）以绿色建造为支撑，打造健康环保生活方式。“双碳”目标直接关系着建筑业未来的可持续发展，将对建筑业产生巨大冲击和影响，要实现碳中和，建筑业节能减碳面临重大挑战。建筑业管理链条长、涉及环节多、精准管理难。此外，建筑存量较大，运营过程碳排放占比高，既有建筑存在高耗能、高排放的情况。此外，在“双碳”目标下，涉及建筑设计、施工及运营全过程的产业链将被颠覆。虽然挑战前所未有，但“双碳”目标也给建筑业带来了广阔的市场机遇。碳达峰与碳中和发展目标将强化建筑绿色化、工业化趋势，未来可通过采用先进技术和新型装备，实现建筑垃圾资源化利用。

绿色建造是按照绿色发展的要求，通过科学管理和技术创新，采用有利于节约资源、保护环境、减少排放、提高效率、保障品质的建造方式，实现人与自然和谐共生的工程建造活动；是在综合效能调适、绿色建造效果评估的基础上，制定交付策略、交付标准、交付方案，采用实体与数字化同步交付的方式，进行工程移交和验收的活动。

绿色建造应统筹考虑建筑工程质量、安全、效率、环保、生态等要素，实现工程策划、设计、施工、交付全过程一体化，提高建造水平和建筑品质。其能有效降低建造全过程对资源的消耗和对生态环境的影响，减少碳排放，整体提升建造活动的绿色化水平。要实现绿色建造，宜采用系统化集成设计、精益化生产施工、一体化装修的方式，加强新技术推广应用，整体提升建造效率和工业化水平；宜加强设计、生产、施工、运营全产业链上下游企业间的沟通合作，强化专业分工和社会协作，优化资源配置，构建绿色建造产业链，整体提升建造过程产业化水平。

绿色建造交付前应对建筑开展综合效能调适，包括夏季工况、冬季工况及过渡季节工况的调适和性能验证，使建筑机电系统满足绿色建造目标和实际使用要求等。应组织相关各方建立综合效能调适团队，明确各方职责，编制调适方案，制订调适计划。综合效能调适的内容和要求应符合现行行业标准《绿色建筑运行维护技术规范》JGJ/T 391—2016 的规定。综合效能调适完成后，应将相关技术文件存档。数字化交付的内容及标准应执行工程所在地的相关规定。建筑信息模型应按单位工程进行划分组建，每个单位工程包含建筑、结构、给排水、电气、暖通等分专业模型以及综合模型文件。应基于构件维护、保养、更换、质量追溯等需求，为建筑信息模型构件建立编码，并确保构件编码的唯一性。服务数字化运营维护的建筑信息模型应包含供应商和维护保养等信息。数字化交付过程中数据传递应遵守相关保密规定。

（4）以精益建造为根本，筑牢产品质量。近年来，我国建筑业呈现出持续快速发展的势头，某些领域技术水平已达到国际领先或先进水平。但从发展过程来看，我国建筑业仍处于粗放型管理阶段，精细化管理水平不高，施工部署和工序穿插随意性大，施工生产组织计划性、统筹性不强，造成工期拖延、成本增加、质量存隐患、安全生产出现隐患及事故、环境污染、现场资源能源浪费等问题，管理水平仍有较大的提升空间。随着国家政策对建筑市场的影响，“高周转、高品质”已是建筑行业大势所趋，加之诸多社会不利因素的影响，建设单位对承包单位的要求越来越高，市场竞争愈演愈烈，导致本行业成本趋于透明，利润空间越来越小。随着 PPP（政府和社会资本合作）、EPC（工程总承包）等各种合作模式的愈发成熟，对企业总承包管理能力的要求也越来越高，行业发展倒逼管理模式创新和管理水平提升。这就要求我们对项目的管理必须精细化，大力夯实基础管理、充分发挥工匠精神、建造人居健康精品工程，以促进企业持续高质量发展。

精益建造中各项工序的无缝穿插必须通过详尽细致的项目策划和科学合理的过程管控才能得以实现。从项目投标阶段开始，便须结合项目实际情况对主要工期节点、关键工序插入节点、技术工艺选型、设计与沟通计划、招标与采购计划、质量、安全、成本管控措施等进行详细策划。

精益建造模式能提高一次性成优率，通过设计优化，减少多余工序，提高工程品质；通过工艺优化，提高建造水平。在施工前，项目应建立科学合理、完善高效的质量保证体系。此外，实时实施监控施工的具体进展，能使整个好建造过程均处在质量计划的轨道上。

3. 好建造关键工序的管理

关键工序的标准化、规范化管控落地，是一项系统的综合管理工作，是深化好建造管理预期效果的核心工作内容。关键工序对成品的质量、性能、功能、寿命、可靠性及成本等有直接影响，对产品质量特性的形成有重要影响。工艺复杂，质量容易波动，对实操技艺要求高。早在 2002 年，建设部就在《房屋建筑工程施工旁站监理管理办法（试行）》中，提出了“房屋建筑工程的关键部位、关键工序”的相关内容。

好建造模式的复制和持续发展，与质量管控方法和质量管理团队密不可分，它们是好建造质量预期目标实现的关键因素。

质量管理的目的是在不同阶段使用不同的管理手段（图 5.12）确保建造生产过程在以一种可被接受的方式进行。采用统计方法，可以检验生产过程中的产品，以此来实现质量控制。好建造质量控制就是根据好建造质量标准，对产品质量进行全过程监控，当出现不合格产品时，采取纠正措施予以解决。

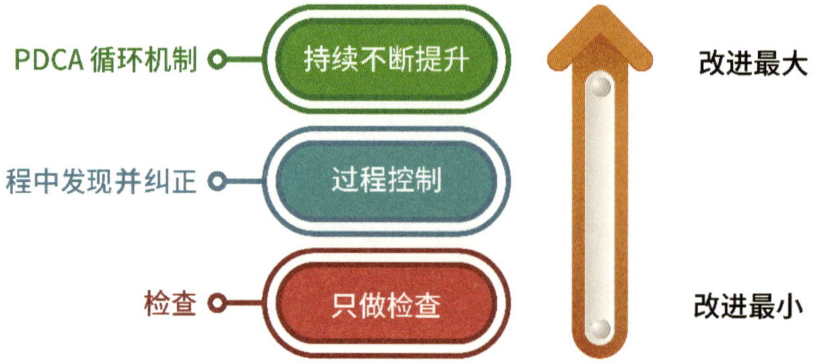

图 5.12　不同阶段的质量保证方法

好建造有效的品质管理，必须遵循以下三个原则。

（1）思想贯穿：从公司到项目层面，工程质量管理要坚持一贯的好建造意识与认知，尽一切努力在技术上（“五防”建造清单的编制与更新）、流程上、工作标准上、操作流程管理过程中提升建筑工程质量和产品品质，并达成“过程质量全面受控，产品品质持续提升”的每个阶段性工作目标，实现质量行为规范化和程序化，人人参与、人人有责，为好建造质量管理落地提供有力保障。

（2）标准从严：对于国家、省和市甚至区现行质量验收管理类法律、法规、规范和技术标准、设计文件、合同文件所约定的质量标准，从严执行。

（3）过程控制：通过各类精细化好建造质量管理的实战工具（质量核心团队人力资源管理），抓日常闭环管理（如：样板管理、实测实量、飞行检查、季度评估、阶段性专题复盘等），比较项目生产结果与预定的标准，评估与标准的偏离程度，必要时采取纠正措施，跟踪调查所采取的纠正措施的效果以确保问题得到解决。

4. 好材料的选择标准

好材料作为好建造的基石之一，为“五好健康幸福家”产品的落地提供了基础。为保证健康住宅的完美呈现，在建造材料选择上应从景观、设备设施、外檐涂料、室内精装等多个维度进行把控。

（1）景观好材料。

景观作为健康住区品质呈现的关键一环具有至关重要的地位，好的景观不仅是项目品质的外在呈现，更是居民身心健康的重要保障。优美的景观能够营造出宁静、舒适的居住氛围，让居民在繁忙的生活中找到心灵的慰藉。丰富多样的景观元素更能促进居民之间的交流与互动，增强社区凝聚力，提升生活质量和幸福感。因此为保证项目景观可以完美呈现，除设计规划外，景观材料的选择也是重中之重。

例如，在石材的选择上，中建地产某项目基于项目设计使用的蓝钻石材硬度高、质地致密、纹理美观、抗压性强，并且具有极高的观赏价值。在与水景的配合上，蓝钻石材以其独特的蓝色光泽和纹理，为项目的水景增添了一抹亮丽的色彩。在光线的照射下、蓝钻石材中的白色矿物晶体在水中熠熠生辉，更衬托出水景波光粼粼的感觉。在水景中，蓝钻石材独特的质感与水流的柔和形成鲜明对比，增强了水景的立体感和层次感。

在树种的选择上，灵魂树在彰显项目品质上具有显著的作用，因此，树干挺拔苍劲、树冠呈圆锥形或伞形、枝叶茂密、四季常青的造型松是灵魂树的主要选择之一。造型松具有很高的观赏价值，对环境的适应性较强，能够在不同的土壤和气候条件下生长并且寿命较长，一般可以生长几十年甚至上百年。它的生长速度较慢，但树形稳定，不易变形。

在地面石材的选择上，根据不同的使用场景选择不同的石材，如在人流量较大的活动场地、广场等地使用老石板铺设地面，老石板具有独特的天然纹理和色彩，每一块都独一无二，能够为景观增添自然、古朴的韵味。此外，老石板能够适应各种气候条件，无论是炎热的夏季还是寒冷的冬季，都不容易发生变形、开裂等问题。即使长期暴露在户外，也能保持稳定的性能。老石板是一种天然石材，不含有害物质，对人体和环境无害，符合现代人对环保、健康生活的追求。青石板质地坚硬，抗压强度高，能够承受较大的压力和磨损，能够长期保持良好的状态。其表面相对粗糙，在潮湿的环境下仍能提供较好的防滑效果，能降低滑倒的风险，常用于台阶、水池周边等容易湿滑的区域。

（2）电梯好材料。

现阶段无论洋房、高层甚至叠拼都会使用电梯，因此在电梯的选择上应重点考虑其安全性、平稳性、运行声音等相关特性。电梯选用宜选取运行平稳的低转速曳引轮，独有的抱闸减震系统，智能化的 PWM（脉冲宽度调制）电流控制方式。其启/制动平稳、安静、噪声低，乘坐起来，极为舒适。通力电梯专利的燕尾形磁铁设计，能显著降低马达噪声，马达的磁铁安装采用胶水的全覆盖工艺，保证磁铁没有生锈和脱落的风险，杜绝了行业内普通工艺易出现的磁铁脱落导致电机损坏的危险。超强减震支架，可减少运行噪声，给客户带来安静的享受。

（3）外檐涂料好材料。

随着时代的不断进步，在建筑涂料上，开发商具有多种选择。因此项目应根据具体情况选取最适合自身的涂料品种，确保项目的安全、耐久以及美观。

如在外檐涂料的对比分析上（图 5.13），真石漆、质感涂料以及流彩砂就各有不同。真石岩片漆是由环保型高分子乳液聚合物和能构成仿石材纹理的骨料、岩片、助剂等材料组成的厚质涂料，其干结固化后坚硬如石，外观如天然石头一般自然、稳重、气派；质感涂料是由环保型高分子乳液聚合物和优质石英砂、方解石砂、各色颜填料、助剂等材料组成的厚质涂料，具有立体效果，实用价值、美观度均较高；流彩砂是采用高温煅烧陶瓷彩砂、超耐候乳液制成的，具有陶瓷晶莹剔透色泽的新型砂壁状涂料。因此应根据项目具体情况选择最适合项目的外檐涂料。

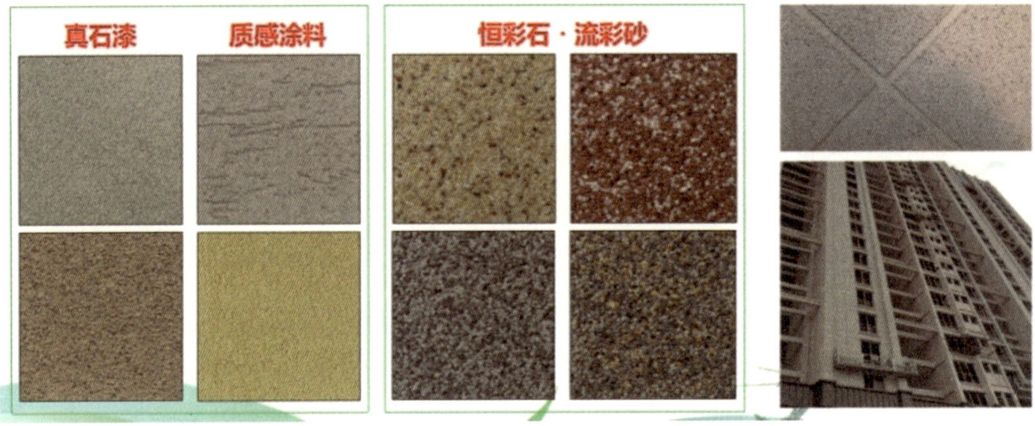

图 5.13　外檐涂料示意

（4）木作家具好材料。

在健康住宅领域，木作家具因其自然、环保和美观的特性，成为家庭装饰的首选之一。包括橱柜、衣柜、镜柜和木门在内的木作家具，不仅能提升住宅的美感，还能为居住者提供一个健康舒适的居住环境。

具体而言，在健康住宅的标准下，橱柜的技术参数应符合要求：甲醛释放量应符合 E0 级或 E1 级标准，确保甲醛释放量极低，减少对室内空气的污染；低 VOC 含量的材料能减少有害物质的释放，保障室内空气质量；得到材料环保认证，如 FSC 认证，确保木材来源于可持续管理的森林。

木作橱柜的特点和优势在于：采用环保板材和无毒胶水，减少有害物质的释放，有利于居住者的健康;高品质的橱柜材料具有良好的耐用性和稳定性,能降低更换频率,减少资源浪费;设计多样,满足不同家庭的审美需求,同时提供良好的储物功能,提升居住质量。

在健康住宅的标准下,衣柜的技术参数应符合要求:甲醛释放量应达到 E0 级或 E1 级标准,确保安全;良好的防潮性能,防止衣物受潮发霉,保障健康;部分衣柜经过抗菌处理,减少细菌滋生,提升卫生水平。

木作衣柜的特点和优势在于:储物功能强大,内部结构设计合理,能提供充足的储物空间,保持室内整洁;采用环保材料,减少有害物质释放,保障室内空气质量;可以根据需求进行定制,满足不同家庭的使用要求和美观需求。

在健康住宅的标准下,镜柜的技术参数应符合要求:甲醛释放量符合 E0 级或 E1 级标准,确保安全;尤其是浴室镜柜,须具备优良的防潮性能,防止发霉;使用安全玻璃,避免破裂伤人。

镜柜的特点和优势在于:功能多样,集储物和镜面功能于一体,节省空间,使用方便;优良的防潮性能,适合浴室等潮湿环境;采用环保板材和涂料,减少有害物质的释放。

在健康住宅的标准下,木门的技术参数应符合要求:甲醛释放量符合 E0 级或 E1 级标准,确保甲醛释放量在安全范围内;优质木门应具有良好的隔音性能,提升居住环境的私密性和舒适度;部分木门经过抗菌处理,能减少细菌滋生,提升卫生水平。

木门的特点和优势在于:天然美观,木门的自然纹理和色彩,能为居住环境增添温暖和质感,提升心理健康水平;用环保木材和涂料,能减少有害物质的释放,保障室内空气质量;优质木门具有良好的隔音效果,有效隔绝外界噪声,提升居住环境的安静和舒适度。

5. 以七恒健康科技住宅为例的好建造体系

七恒健康科技住宅以一替六,用一套系统保证室内具备恒温、恒湿、恒氧、恒洁、恒静、恒智场景,塑造恒质住宅。其用空气源热泵、毛细管网系统、全热回收新风机组、置换通风系统等通过住宅智慧控制系统实现室内环境的调控,保证室内环境的健康、可持续。因此,七恒健康科技系统具备系统搭建复杂、智能控制精细度高、专业施工交叉多、精装要求高等特点。七恒健康科技住宅从设备材料选型到工艺做法管控,结合“五防”

（防渗漏、防空裂、防噪声、防异味、防污染）建筑质量管理体系及18项精细化施工细节，从源头把控材料，从过程把控工艺，从结果把控质量效果，最终呈现完美品质（图5.14）。

（1）恒温。温度适宜是保证室内环境健康的基础，一个健康舒适的环境必定有一个舒适的室内温度。相比于传统的对流换热，七恒健康科技系统借助空气源热泵+毛细管网+智能控制系统通过辐射散热的形式保证室内温度始终处于一个适宜的状态。为保证空气源热泵稳定高效，在前期选型时对于其能效、稳定性以及厂家后期的维保政策均需进行把控。毛细管辐射空调系统4.3 mm的进口PPR（无规共聚聚丙烯）管材组成的间隔为10~30 mm的网栅，犹如人体中的毛细血管，起到分配、输送和收集液体的功能。

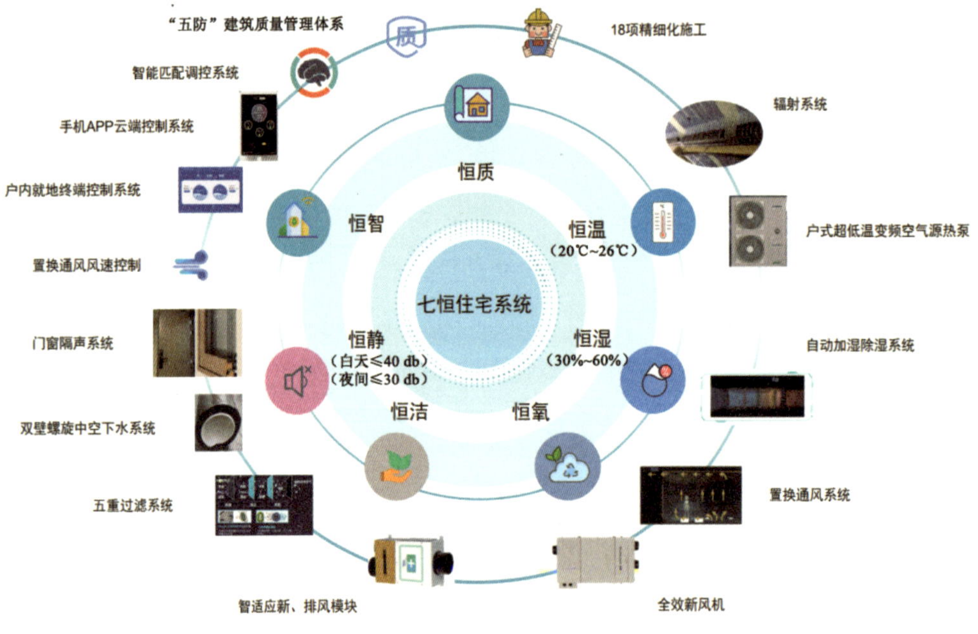

图5.14　七恒健康科技系统

（2）恒湿。人体对于湿度较为敏感，当湿度过大时，人会有闷热感且细菌易滋生；当湿度过小，人体会感到干燥，喉咙、皮肤会有明显不适感。湿度对室内设备设施也具有较大的影响，当室内湿度失控，毛细管辐射空调系统会出现冷凝结露的情况，且天花板、墙壁会出现水印甚至发霉。因此湿度的控制是七恒健康科技系统的重要环节之一。为保证室内具备适宜的湿度，七恒健康科技系统通过全热交换新风机组+置换通风的方式借助室内湿度探头进行智能调控。并且根据业主的需求也可以选择仅限热交换的新风机组。在新风机组设备选型上，首先要满足室内新风量的计算需求，并加以喷淋段、表冷段、初效+中效+高效的过滤系统，甚至可以选择银离子杀菌等选配段，保证无论室外环境如何变化，室内相对湿度始终控制在 30%~60%这一合理范围内，更利于人体健康。

（3）恒氧。七恒健康科技系统由于要对温湿度进行极致把控，对门窗的气密性要求很高，因此系统通过新风系统源源不断地将室外鲜氧送至室内，根据室内的氧气含量及 CO_2 浓度实时调控，保证室内鲜氧环境。

（4）恒洁。置换通风系统作为新风系统的末端通过下送上回的气流组织方式最大限度地将室内污浊的空气置换出去，将室外经过处理的洁净空气置换进来，保证室内空气洁净度。

（5）恒静。为保证室内声环境品质，毛细管网辐射换热系统通过辐射换热的形式调节室内温度，避免了传统 VRV 系统室内机的风机噪声。置换通风系统使用下送上回的气流组织形式，出风口风速极低，不会产生风噪声。下水系统采用了双壁中空螺旋下水管外包隔音面的工艺，阻挡了因下水所导致的落水声。外窗系统均采用三玻两中空的玻璃，减少了室外环境对室内的影响。最后在户型设计上，将卧室等敏感空间与电梯井道隔离开来，并在电梯井道使用隔音材料进行物理隔挡，全方位保证室内声环境。

（6）恒智。为保证完美运行，七恒健康科技系统设置了集中控制系统，并由户内智能家居系统进行集成，通过室内各个空间设置的温度、湿度、氧气含量、二氧化碳浓度等探头实时对系统进行调控，保证室内环境始终处于健康舒适的状态。

（7）恒质。品质是七恒健康科技系统落地的保障，以中建地产为例，其通过"五防"建筑质量管理体系保证建筑主体无渗漏、无空裂、无污染、无异味、无噪声；通过 18 项精细化施工、对厨卫间的三重考量、门窗取材的四大原则、社区景观培植的五大技术、精装修的六大体系，在施工过程中始终以八大工程品控力以及"133520 精细化工程管理体系"为指导依据，保证七恒健康科技住宅最终完美呈现。

5.3.3 好配套

随着中国房地产市场的结构性转变，房地产行业正式步入"产品主义时代"。当人们生活水平不断提升，对住宅的衍生性需求也愈发立体。昔日购房者关心的户型结构、容积率、绿化率等硬性指标，不再是唯一的考量标准，社区的生活配套、环境氛围等，对购房者而言愈发重要。

从教育到医疗，从商业到公园，一处配套成熟的住宅所营造的便捷、舒适、繁华的生活环境，甚至超过房屋本身的价值。

1. 好配套的标准

若以马斯洛需求层次理论为基础，对人类生活需求从低到高进行阶梯形剖析，大抵可将城市居民生活配套划分为三类：单社区配套——以单社区为服务主体，满足居民基本生活需求；街区型配套——以多社区为服务主体，满足周边居民休闲娱乐等进阶需求；城市级配套——辐射城市或板块，具备“城市微度假、微旅行”功能的高级配套。

（1）单社区配套：社区生活场赋予家的“临近感”。

当今社会，社区作为人们生活的基本生活单元，已不再是单纯意义上的住宅，而是一种生活方式的载体，其配套设施直接关系到居民的生活品质和幸福指数。

城市居民的消费需求并不局限于物质需求，还有对情绪价值的追求，对生活场景多样化的追求。特色公共商业空间的营造、场域文化氛围的打造、特色业态的规划、社区医疗的完善、社区教育的填充均是满足人们对近距离的商业氛围和高品质生活方式的追求。

社区商业往往聚焦于周边社区居民的消费需求，具备高黏性、高复购、需求精准等特征。因此，打造好的单社区配套的关键在于营造具备临近感、氛围感、松弛感、归属感的生活“第三空间”。

立足于社区居民的基本生活需求，单社区配套需要具备双重特性，即“1 km 生活圈”的便捷性、“10 个 1 业态”的功能性。“1 km 生活圈”是将公共商业服务融入社区日常生活场景内，旨在满足家门口最后 1 km 的生活用品采买需求，打造一个完整的民生服务业态。“10 个 1 业态”包括但不限于 1 个健身房、1 个理发店、1 个理疗店、1 个便利店、1 个社区医院、1 个餐饮店、1 个四点半课堂、1 个美容美体店、1 个小酒馆或咖啡店、1 个宠物店。持久运营是社区公共配套的根本，开发企业需要在实践中不断探索、完善，打造出一套社区配套的标准化体系，并形成可推广、可应用、可复制的社区商业模式。

社区医疗、社区教育则是基于现阶段社会痛点问题提出的解决方案。完善的社区医疗体系可以为居家养老、社区养老提供助力；完善的社区教育则可为儿童托管提供支持，社区医疗、社区教育的引入极大地解决了现阶段人们的后顾之忧。

（2）街区型配套：街区烟火气演绎沉浸“体验感”。

近年来，我国城市化进程加速，一、二线城市购物中心体量趋于饱和，竞争加剧。20世纪以来，以传统“盒子式”购物中心为代表的第二代商业，同质化、体验匮乏的运营模式已无法满足现代年轻人个性化、多元化的品质消费空间需求，逐渐被消费者边缘化。取而代之的是，以小而美见长的开放式街区型商业。

相较于单社区配套，街区型商业的体量更大，需要广泛的消费群体支撑。因此，街区型商业多择址于社区集群中心，依托开放性设计风格充分拥抱城市空间，与周边地铁、校园、公园、社区等配套资源有机连接，增强商业通达性、昭示性的同时，也为城市界面的更新注入新的活力。

街区型商业的空间布局，遵循场景化设计理念，有效弥补传统商业故事性、差异性、功能性的缺失。

首先是故事性。街区风格的设计灵感，源自对不同城市历史文化和地域特色的深刻解读，并通过建筑语言具象化表达。让人们在逛街的同时，了解城市的文化内涵和故事，提升对街区文化的认同感和归属感。同时，通过引入新的元素和技术，创造富有创意和想象力的互动空间，使街区文化呈现出新的活力与魅力。

其次是差异性。依托文化丰富的空间环境，打造出具有鲜明风格和个性的形象，并沉淀为自身独特的亮点和记忆点。让人们在街区中获得沉浸式的体验感和情感共鸣，吸引更多消费者和游客前往体验，增强街区的知名度和口碑，进而提升街区的经济效益和社会效益。

最后是功能性。通过搭建沉浸式文化主题商街、外摆空间、屋顶花园、运动公园等丰富场景，为消费者塑造漫步式购物的商业新体验，打造更多购物以外的功能，如社交、漫步、休憩、观景、游逛等。在业态选择上，引入集运动、游艺、探险、餐饮、亲子等多元功能于一体的“社交+”新业态，不仅有助于延长消费者的停留时间、提高消费频次，也有利于进一步提升街区商业的利用率和效益。

例如中建·福邻荟作为天津街区型商业的开拓者与引领者以城市公园为依托，以历史与现代风格相呼应，以 TOD 轨道交通为枢纽，打造 1~3 万立方米体量，多业态、多场景转换的街区型商业空间，既填补了街区商业的空白，又通过其独特的故事性、差异性和功能性为所在区域人们的生活增加了烟火气。

（3）城市级配套：城市微度假营造别样“松弛感”。

北京国贸、上海陆家嘴、广州天河，这些传统 CBD（中央商务区）代表着对城市核心资源的掌控，但其繁华的背后，是两点一线的快节奏循环。受困于日常忙碌的工作生活，“5+2 生活模式”逐渐成为人们休闲娱乐的主流，即 5 天繁忙都市生活+2 天舒适度假生活。

据数据统计，近年人们平均出游半径已经收缩到“百公里时代”，“近程、易到、高频”的城市微度假体验，已经成为都市消费人群的重要生活方式。微度假的兴盛，源自本地休闲户外化、外地客群近城化的叠加效应，进而导致客源扩张，从而改变了传统的旅游度假市场基础和需求结构。因此，具备微度假功能的板块，通常拥有区别于客群第一居住地的自然资源或配套资源。例如：不可复制的景观资源，如成都麓湖水城（一个涵盖文化艺术、度假休闲的生活群岛）、秦皇岛阿那亚的黄金海岸等；多元一体的新趣体验，如上海蟠龙天地，将文化、自然和商业融为一体，让人们在这座“公园里的新天地”尽情亲近自然，享受微度假的休闲乐趣；文脉底蕴的历史风貌区，如对望千年古刹龙华寺的上海龙华会、享有“万国建筑博物馆”美誉的福州烟台山等；不可多得的国家级地标，如全国第三座、中国北方展览面积最大的国家会展中心（天津），周边的约 5 500 亩绿屏辛庄湾公园，约 40 亩城市运动主题公园，双公园围合，打造了观展、购物、露营、烧烤、围炉煮茶等一站式休闲娱乐体验。

具备微度假属性的城市，使得泛城市居民以周末假期为周期，避免长途跋涉，就近度假的需求得以释放，实现身心、精神层次的放松。城市级配套可视为一座城市的最高阶配套，对城市的经济发展和消费升级起着至关重要的作用。

2. 好配套的底色

现代化城市空间发展的最终目标，是服务于人。城市、社区配套的建设同样是以“人本视角”展开的，一方面针对居民普性化需求，打造具备普惠性、普适性的生活配套资源；另一方面针对不同年龄层人群的特质，打造定制化、个性化配套设施。

社区配套作为一个健康社区的核心因素之一，应遵循人性化服务理念，以客户视角，反推服务细节触点。根据业主的年龄层划分，打造“5+X”定制化服务体系，5 即 5 个阶段——幼儿成长、少年求学、青年玩乐、中年休闲、老年养生，X 则为增值的个性化服务。“5+X”定制化服务体系覆盖全生命周期的个性化配套服务设施，构建全龄友好社区。幼儿成长，打造社区专属母婴空间、幼儿绘本阅览室、幼儿游乐空间等；少年求学，四点半课堂，让双职工家庭不再为接送孩子所烦恼，共享书吧、植物小课堂等则给予社区少年寓教于乐的体验；青年玩乐，设置健身房、宠物寄养等满足青年玩乐的需求；中年休闲，业主会所（羽毛球、乒乓球、台球、游泳、K 吧）、私宴餐厅等的打造满足中年业主的社交及运动需求；老年养生，配置按摩理疗店、社区卫生服务站、云诊室、棋牌室、长者健身区等，满足老年人的生活居住需求，并且针对社会养老相关的痛点问题提供居家养老服务和社区养老服务，通过专业的医疗康养服务满足老年人基本的医疗养护及生活需求，做到老有所养、老有所依。除此之外社区配套应与周边街区环境与设施存在有机的联系，在满足本社区的需求的同时辐射整个街区。社区教育、卫生医疗、运动场所、商业服务等配套可以通过与街区的协调规划，完成配置的优化、资源的共享，这也有利于社区配套设施的可持续性发展。如社区的泳池可在工作日为配套的小学提供游泳课场地的需求。

例如中建某项目基于幼儿成长、少年求学、青年玩乐、中年休闲、老年养生 5 个维度打造了“5+X”定制化服务体系。在幼儿成长维度配置了儿童活动场地、亲子露营空间、自然小课堂、运动小课堂、阳光草坪、时光昆虫旅馆；在青年求学维度配置了四点半课堂、启梦趣岛、儿童书享、社区自习室、手工作坊；在青年玩乐方面配置了迷你高尔夫、飞盘运动场、综合运动场、邻里健身空间、三重健身环线；在中年休闲方面配置了悦居私宴、福禄书院、社区超市、社区驿站、共享洗衣房、中医养生馆、社区友邻客厅、文化活动室、共享办公空间；在老年养生维度配置了康养活动场地、福禄书院、社区门球场、社区配餐中心。

3. 好配套的关键因素把控

好配套的关键在于“人、物、场”的精准对位。“人”即客群，是消费主体；“物”即业态划分、选品或其他合作形式，属客观载体；“场”即通过配套空间所营造的生活方式，为场景平台。因此，“物”的选取，即品牌、功能的选择，要精准对位社区客群的消费水平与需求；“场”的营造，即生活方式的文化与理念的塑造，要使社区客群产生共鸣和文化认同。无论单体社区、社区集群所组成的街区、抑或是城市，都有与之相对应的合作法则。

（1）品牌战略联盟。开发商的合作品牌选择，要遵循两个原则：与公司运营理念深度契合，符合公司长远发展利益，具备可持续性；要与公司产品在市场中长期沉淀的核心价值契合，强强联合后价值再升维，实现 1+1>2 的效果。例如，2021 年，北京西山金茂府宣布与华为全屋智能合作，这是金茂在科技住宅领域的深耕，也是新时代智能家居的新场景全维应用，完成了从单智能向生态系统智能、从单一场景向全屋场景的转型，引领智慧化、生态化、全屋化的未来智家发展方向。再例如，2009 年，汤臣一品与范思哲合作，推出以“黑白”为主色调的样板间，第一次以东方韵味的水墨黑白作为样板间创意，融汇现代美学与中国传统文化底蕴，对位精英客群审美与品位，从而获得价值观认同和精神共鸣。品牌战略联盟通过跨界品牌合作，拓展品牌联盟阵营，在系统性广告包装、推广、传播下，将产品打造为作品，提升知名度与美誉度的同时，形成品牌资产的积累。

（2）品牌特色优选。商业领域的品牌合作，根据商业体量的不同，招商策略、品牌选择与运营逻辑也有着本质差别。如单社区配套，要顺应社区客群消费水平和需求，打造满足生活需求、具备差异化特色的业态品类；而街区型配套，则重点打造个性化品牌 IP，甄选契合商业定位的品牌矩阵，通过事件营销造势，使其具备城市级影响力。

单社区配套，重在顺势。在招商和运营层面，常采用“招商+孵化”模式，即通过招商引入非连锁品牌商家，并与社区运营商共同进行业态孵化。核心围绕“3+X”打造业态模型，“3”代表高频刚需业态，覆盖生活基本需求、时间和情感需求；“X”则代表差异化特色业态，突出社区定位特质，也是特色社区商业的人格化表现。例如，万科•渔里未来社区就以“年轻力”为核心，打造酷似飞碟的建筑外形，引入新潮、多元的消费品牌，把对未来邻里生活的构思一点点落到了实处，用邻里中心为社区居民提供了一个“家庭生活的第三空间”。再例如，COZI 可遇虹桥项目在招商过程中考虑到所在区域中老年女性占比高的特点，创新性地引入了金店，从而更好地满足并吸引社区及周边区域的客群需求。

街区型配套，重在造势。街区型配套，重点打造“街区+Mall”式的高品质社交目的地，构建融合潮玩生活、网红餐饮、活动潮流、娱乐体验于一体的“城市级社交空间”。招商围绕街区主题特色 IP，搭建品牌合作阵营，提升购物体验和消费层级，通过社交媒体的宣发造势、自主裂变，打造网红打卡点。例如，重庆东原• THE OVAL 一奥天地——西南地区首个策展型商业，由一座废弃的地下商场改造而来，定位为“感受艺术与商业的碰撞”。建筑形态上引入“山城地势”的设计理念,打造“向下”探索的山谷式造型,下沉广场为“指环”式架构,怀抱整个项目的形象展示面。招商品牌业态聚焦新潮、运动、社交、娱乐,室外空间突出极具个性的主理人店,室内空间突出生活上的多重角色。室外空间打造 day-night 社交生活美学空间。个性主理人品牌有 La Paloma 西餐厅、TRUMAN、AOITER 复合家居馆;室内空间打造轻社交、共享社群空间、山系生活等场景,融合市场连锁简餐及特色餐饮品牌;非传统体验业态,引入西南首个 Jump360 极限蹦床旗舰店、西南地区唯一的实弹射击馆——润泽实弹射击等;策展型业态,通过举办时尚跨界大秀、摇滚音乐派对、顶级滑手极限表演秀以及重庆首届独立咖啡市集等丰富多彩的活动,为富有历史底蕴的重庆注入艺术时尚元素。

5.3.4 好服务

客户服务,作为连接企业与客户的桥梁,其重要性不言而喻。在传统的房地产行业中,客户服务往往被视作销售的附属品。在打造健康住宅的新时代背景下,客户服务的角色已然发生变化。它不再是简单的售后响应,而是贯穿了整个房地产开发周期——从项目规划到交付入住,并一直延伸到后续的社区运营。现代消费者越来越注重居住体验和服务质量,好服务意味着更为长久的陪伴。好服务作为“五好健康幸福家”重要的一环,对于打造健康住宅“好房子”起着至关重要的作用。

1. 持续发展升级的客户服务

客户服务经历了以下三个阶段的发展升级。

(1)基础服务。早期房地产企业主要关注房屋质量、配套设施等硬件方面,客户服务以解决购房入住过程中的问题为主,多为客户报修或咨询后的被动响应。

(2)个性化与定制化服务。随着市场竞争的加剧与消费者需求的多样化,企业开始关注并研究客户需求,趋向于提供个性化、定制化的服务,并将服务转变为前置性、预见性的主动服务,系统建立客户管理系统,并通过数据分析来总结、预测客户需求,提前介入,解决问题。如定制装修、家居设计等。

(3)全生命周期服务。客户服务覆盖至购房前、中、后各个环节的全生命周期,涵盖购房咨询、家居配套、社区服务等各个方面,确保客户在每个阶段都能享受到贴心服务。客户服务深入了解客户的居住习惯、健康状况、家庭结构等,量身定制服务方案。利用大数据、云计算、AI 等先进技术，实现客户服务的智能化管理。比如，通过智能家居系统提升居住便捷性，利用 CRM(客户关系管理)系统优化客户信息管理，提高服务效率等。

2. 好服务能更好满足人们对美好生活的向往

打造优质服务力，提供好服务，是行业发展的必然趋势，已经成为考验房地产企业实力的重要标准、房企差异化竞争的重要手段。好服务能更好满足人们对美好生活的向往，显著提升客户满意度和忠诚度，吸引更多潜在客户，提升市场占有率，树立企业品牌形象，成为赢得市场竞争的关键。好服务也是企业践行社会责任的重要体现，是房地产企业从单一房地产开发向综合服务商转型升级的必然要求，是实现可持续发展的必然选择。不断推动客户服务的升级与创新，能够引领住宅产业向更高质量、更高水平发展，不断为居民创造更加幸福美好的生活空间。

3. 构建全周期好服务生态系统

在新时代的房地产行业高质量建设发展中，打造好服务不仅仅是提升单一的服务水平，而是要构建一个全面的服务生态系统，涵盖售前、售中和售后的全周期过程，以及物理空间与数字空间的融合。

(1)树立以客户为中心的服务理念。在激烈的市场竞争中，唯有真正以客户为中心，方能把握洞察市场脉搏，领航发展浪潮。房地产企业应树立以客户为中心的服务理念，将客户需求作为一切工作的出发点和落脚点。以客户为中心绝不是一句空洞的口号，而是要真正落实到每一个服务细节中。这意味着企业要切实从客户的角度思考问题，对于全龄化的客户群体，要深入了解不同年龄段客户的需求、特点和所面临的痛点，要深入研究目标客户群的生活，关注客户的真实需求，努力为客户提更优质的服务体验。它要求企业在项目规划之初，就充分考虑到客户的多元化需求，将健康、舒适、智能、便捷等要素融入设计的每一个细节。在施工过程中，严格把控质量，确保每一栋“好房子”都能经得起时间的考验。而在交付后，通过持续的社区活动和细致入微的服务，让住户感受到家的温馨与幸福，并持续加强定制化服务的创新和打造，比如智能家庭解决方案、健康生活设施或教育配套资源，来不断满足不同客户群体的特定需求、多元化需求，不断增强客户对地产项目的满意度和忠诚度。

(2)建立完善的服务体系。在全周期客户服务方面，房地产企业要建立完善的服务体系，致力于在每一个阶段都要让客户感受到安心与贴心。售前服务热情接待，提供详尽的楼盘信息、专业的购房咨询讲解、个性化的购房方案等，帮助客户做出满意的购房决策。售中服务优化购房流程、提供便捷的签约服务、确保交易透明公正，并在项目施工过程中进行定期沟通、进度共享、成果展示等，着力提升客户的购房体验。售后服务建立完善的物业管理体系和客服体系，项目交付时精心组织、细致验收，入住后提供及时的维修服务、快速响应客户诉求，开展丰富的社区活动等，建立客户反馈机制，及时了解客户的意见和建议，不断改进服务质量，从而提升客户满意度，保障客户的居住品质和生活质量。

本书编写组提出，要打造“幸福+”全周期服务体系，以“幸福顾问、幸福鉴家、幸福签约、幸福守望、幸福交付、幸福乐活、幸福睦邻、幸福创享、幸福安守”九大触点服务系统，着力提升客户服务的专业化、标准化、智能化、人性化水平，持续丰富服务内容、优化服务方式、提升服务品质；充分考虑不同年龄段的多元化需求，精心打造全龄化、多层次、可持续的幸福社区生活圈。在硬件设施配备上，从适老化、适儿化的细节入手，在康养设施、托育设施、运动设施等方面均有针对性地提供人性化的空间布局与功能设计，让不同年龄段的居民都能拥有专属的幸福体验。在软性服务供给上，从衣、食、住、行、康、养、娱、学八大板块出发，结合客户需求、痛点、难点，量身定制个性化、菜单式社区增值服务，全方位满足客户多样化生活需求，打造“有温度、有生活、有活力”的幸福社区，增强客户全龄段、全周期的幸福体验。

（3）智慧科技赋能服务体系迭代升级。科技让生活越来越便捷。客服服务、物业服务不断迭代升级——从“有服务”到“优服务”再到“智服务”。通过数字化转型提升管理能力，赋能服务效能提升，持续优化服务质量与客户体验，增强客户满意度。着力打造先进的数字化平台，如在线售楼处、VR 看房、智能客服等，为客户提供更加便捷、高效的服务体验。利用大数据分析客户需求和行为习惯，为客户提供更加个性化的服务方案和产品推荐。运用物联网、人工智能等技术优化物业管理流程，提升服务效率和质量，如智能安防、智能照明、智能家居等。通过智能家居系统，实现远程操控家电、实时监测室内环境等功能，让居住更加智能化。通过大数据分析，更加精准地洞察客户需求，为住户提供个性化的健康、教育、娱乐等资源推荐，让生活更加丰富多彩。

（4）强化物业管理与社区建设。进行高品质物业管理，提升物业管理的专业化水平，包括维护保养、安全保障、绿化清洁等，确保居住环境的舒适与安全。组织多样化的社区活动，如健康促进、亲子活动、艺术展览等，营造温馨和谐的社区氛围。

(5)加强跨界合作与资源整合。与科技、医养、教育、金融等行业和优质供应商等深入合作，引入更多增值服务，如社区医疗、康养服务、教育资源共享、便捷的金融服务等。

(6)加强员工培训与激励。提升服务意识，通过培训使员工深刻理解以客户为中心的重要性，培养员工的服务意识和责任心；定期对销售人员、客服人员和物业管理团队进行培训，提升其专业技能和客户服务水平。提升专业技能，加强员工在房地产知识、物业管理、客户服务、法律法规、沟通技巧等方面的培训，提升员工的专业素养和服务能力。完善激励机制，通过绩效考核、奖金激励、晋升机会等方式不断激发员工的工作积极性和创造力，激励员工为客户提供更好更优服务。

(7)注重服务创新与持续改进。鼓励员工提出创新性的服务方案和建议，不断推陈出新，为客户提供更加新颖、独特的服务体验。建立健全客户反馈机制和服务评价机制，定期收集和分析客户意见，及时了解客户的意见和建议，对服务过程中存在的问题进行整改和优化，不断提升服务质量、客户满意度和产品的迭代升级。

(8)持续创新 ESG(Environmental，环境；Social，社会，Governance，公司治理)实践。绿色物业是行业未来发展的重要方向，标杆物业企业为满足自身 ESG 建设和发展需要，应持续加大在绿色物业方面的建设力度。万物云、华润万象生活、中海物业、中建物业等企业已经将绿色物业管理列为企业 ESG 建设的重要议题。越来越多的物业企业已在积极探索绿色物业发展道路，持续加强企业绿色运营管理，在保证服务质量等基本要求的前提下，通过科学管理、数字化技术赋能和行为引导，着力提高各类物业运行能效，将绿色、低碳、可持续的理念深度融入物业服务中。

综上所述，打造引领时代的“五好健康幸福家”体系的好服务，构建全周期好服务生态系统，深化全龄化、全周期的品质服务，是房地产企业在新时代背景下的必然选择。它要求企业坚持以“以客户为中心”，不断更新服务理念、创新服务手段、提升服务质量，丰富服务内容，以实际行动回应客户对“好房子”的期待，只有这样，才能赢得市场的认可和客户的信赖，赋能健康住区的打造，为企业和行业的可持续发展注入强大动力，不断绘就幸福美好生活的新篇章。

5.3.5 好邻里

党的十九大报告指出，“加强社区治理体系建设，推动社会治理重心向基层下移，发挥社会组织作用，实现政府治理和社会调节、居民自治良性互动”。在此背景下，构建和谐邻里关系不仅是提升居民生活质量的关键举措，更是实现社会治理创新、增强社会凝聚力的重要抓手。构建健康、和谐、幸福的住区，已成为提升居民生活品质、促进社会文明进步的重要课题。其中，好邻里作为住区建设的重要一环，其理念与实践对于打造“五好健康幸福家”产品体系具有深远的意义。

1. 打造好邻里的重要性

（1）提升居民幸福感。良好的邻里关系能够增强居民的归属感和安全感，提升生活满意度和幸福感。在和谐友爱的氛围中，居民更容易感受到生活的美好和温暖。

（2）促进社会和谐稳定。邻里之间的和谐共处是社会和谐稳定的基础。构建好邻里关系，可以有效减少社会矛盾和冲突，维护社会的稳定与安宁。

（3）推动社区文化建设。邻里之间的互动与交流是社区文化建设的重要途径。组织各类文化活动，可以增进邻里之间的了解与认同，促进社区文化的繁荣发展。

（4）提升住区品质。良好的邻里关系是衡量住区品质的重要指标之一。打造好邻里关系，可以提升住区的整体形象和品牌价值，吸引更多优质居民入住。

2. 好邻里的内涵

邻里关系是社会关系的一部分，和睦的邻里关系是创建和谐人际关系的基础，良好的邻里关系是社会和谐稳定的基石，是社区治理的重要基础，是城市文明素养的重要体现，也是实现共同富裕目标的重要保障。邻里和睦、守望相助，是中华民族的传统美德，也是建设社会主义核心价值体系、提升公民思想道德水平和文明素质、构建和谐社会的必然要求。良好的邻里关系不仅能够增强居民幸福感，还能有效提升社区凝聚力，为基层社会治理提供强有力的支撑。同时，和谐的邻里关系有利于形成积极向上的社区文化氛围，推动形成文明、友善、互助的社会风尚，为实现中华民族伟大复兴的中国梦奠定坚实的社会基础。

打造“五好健康幸福家”的好邻里，就是倡导在住区内建立一种和谐、友善、互助、共享、共进的邻里关系。这种关系不仅体现在日常生活中的相互关照、信息共享，更反映在精神层面的相互支持、情感共鸣。具体来说，好邻里应包含以下几个方面的内涵。

（1）和谐共处。邻里之间能够相互尊重、包容，共同维护住区的和谐稳定。

（2）友爱互助。在遇到困难时，邻里之间能够伸出援手，相互帮助，共同解决问题。

（3）信息共享。通过有效的沟通机制，邻里之间能够分享生活信息、教育资源、医疗资源等，提高生活质量。

（4）情感交流。通过组织各类活动，增进邻里之间的情感联系，形成温馨、融洽的社区氛围。

（5）共同发展。在住区规划、环境美化、文化建设等方面，邻里之间能够共同参与、协商决策，推动住区的可持续发展。

3. 打造全龄好邻里社区

（1）精心设计多元化社区空间。要在社区空间规划设计中充分考虑不同年龄段、不同群体的需求，致力于打造多元化、立体化的社区空间体系。

在项目规划阶段要充分考虑邻里关系的构建。可通过合理的布局设计、完善的配套设施规划等措施，为邻里之间的交流与互动提供便利条件。在建筑设计上要融入人文关怀元素，营造温馨、舒适的居住环境。如在空间设计过程中可注重将现代建筑理念与传统文化元素结合，既满足居民的实际需求，又彰显社区的文化特色。在项目中设置具有中国传统文化特色的茶室、书院等空间，既为居民提供休闲交流的场所，又传承中华优秀传统文化，形成住宅的品牌符号。在社区空间设计中可以注重营造有利于邻里互动的场景，通过巧妙的空间布局和功能设置，为居民创造更多自然交流的机会。例如：一是可以在社区公共区域设置休憩、观景平台，为居民提供日常交流的空间；二是可以打造社区共享厨房、共享工作室等新型公共空间，鼓励居民分享技能、交流经验；三是可以设计灵活多变的室外活动空间，便于组织各类社区活动。针对老年群体，可设置适合老年人的健身器材、棋牌室、门球场地等设施，为老年人提供安全、舒适的活动空间。针对青壮年群体，可设置健身房、瑜伽室、室外运动场等设施，满足其对运动健身的需求。针对儿童群体，可设计安全性高、趣味性强的儿童游乐设施和亲子活动空间。上述精心设计和举措能有效优化邻里互动场景，方便每个年龄层找到适合自己的活动场所和社交平台，为构建和谐邻里关系提供了良好的硬件支撑。

（2）加强社区组织建设。强化社区议事协商机制，加强社区居委会、居民代表、物业公司代表的联络沟通，组织和协调邻里之间的各项事务。此外，通过广泛征求居民意见，制定邻里公约，明确邻里之间的权利和义务，规范居民行为。

（3）丰富社区文化活动。社区应积极建立以地域性为特征、以认同感为纽带的新型社区，培育新型邻里关系，拉近居民关系，形成和睦相处的社会氛围。通过开展形式多样的睦邻活动，为居民提供沟通交流的场所和平台，更好地服务群众、为其排忧解难，提升广大人民群众的获得感和幸福感。定期举办社区活动，如社区聚餐、运动比赛、亲子活动、节日庆典等，增进邻里之间的交流和沟通。开展文化沙龙，邀请专家学者、艺术家等举办讲座、展览等活动，丰富居民的精神文化生活。实施“睦邻计划”，打造“幸福睦邻”品牌，通过开展丰富多样的社区活动，促进邻里交流，增进居民感情，开展一系列富有特色的社区活动，如文旅小镇游、小业主研学营、亲子踏青行、健身运动会等。倾力打造了一系列特色睦邻活动品牌，如消夏晚会、后备箱集市、露营烧烤、创意插花、非遗彩绘、摄像大赛、业主创意涂鸦、厨艺大赛等。上述活动涵盖文化、教育、体育、旅游等多个领域，既体现时代特色，又融入了传统文化元素，能有效满足不同年龄段、不同兴趣爱好居民的多元化需求。这种常态化的活动不仅增加了邻里互动的频次，还有助于形成良好的社区文化氛围。通过参与活动，居民不仅丰富了自身的生活内容，更在互动交流中增进了了解，加深了感情，为构建和谐邻里关系奠定了坚实基础。

（4）完善社区服务体系。建立便民服务点，在社区内设立便民服务点，提供家政服务、快递代收、医疗咨询等便捷服务。推广志愿服务，鼓励居民参与志愿服务活动，如帮助空巢老人、残疾人等弱势群体，营造互助友爱的社区氛围。

（5）加强环境美化与治理。改善社区环境，加强绿化美化工作，提升社区的整体环境质量；同时，加强环境卫生管理，保持社区干净整洁。倡导绿色生活，推广环保理念，鼓励居民采取节能减排、垃圾分类等绿色生活方式。

（6）强化法律保障与道德教育。加强法治宣传，通过举办法律知识讲座、发放宣传资料等方式，提高居民的法律意识和自我保护能力。开展道德教育，以社会主义核心价值观为引领，开展道德教育活动，引导居民树立正确的世界观、人生观和价值观。一方面，加强与当地政府和司法部门的合作，建立健全法律咨询和援助机制；另一方面，通过开展道德讲堂、道德模范评选等活动，引导居民树立正确的道德观念和行为准则。

综上所述，构建好邻里关系是推动社区建设、提升居民幸福感的重要途径。构建好邻里健康住宅是一个系统工程，需要政府、开发商、物业公司与居民的共同努力。通过精心设计多元化社区空间、加强社区组织建设、丰富社区文化活动、完善社区服务体系、加强环境美化与治理以及强化法律保障与道德教育等措施的实施，着力营造一个既符合现代生活需求又充满人文关怀的居住环境，构建和谐、友爱、互助、共进的邻里关系。好邻里是一个社区的亮点，其理念将逐步深入人心，并成为推动社会文明进步的重要力量，成为引领未来健康幸福家的生活方式。在新的发展阶段，房地产企业应当进一步深化对社区建设的认识，不断创新服务模式和治理机制，为居民打造更加幸福美好的生活家园，为实现中华民族伟大复兴的中国梦贡献力量。

III 未来发展部分

健康住宅的前景与展望

06 第 6 章 健康住区的前景与展望

随着我国城镇化的快速发展，我国城镇化率已经提升至 67%，城市建设已从粗放式的规模扩张进入精细化的提质增效阶段。根据马斯洛需求理论，居民对居住的需求，也从"有没有"转变到了"好不好"。居民对"好房子"的期待也从一维的建筑空间转变为一种多维度的更加多元、综合和立体的空间载体——熟悉的社区文化与邻里公约、充满烟火气的街道与市场、开放而自由的娱乐氛围、适合并促进人们碰面、交流及激发灵感的场域……

人们对美好生活的需求愈加强烈，对精神层面的健康愈加看重，除了追求物理维度的健康，更重视精神层面的健康。正是基于这样的背景，健康住区的概念应时而生。健康住区可以说是满足人们身体与精神健康需求的关键之策，也是破局之法。健康住区的内涵更加丰富和全面，它不仅涵盖了住宅本身，还包括住区内部的社区景观、配套设施、全龄活动场地、适老场景等诸多方面。通过高质量的运营服务，这些元素相互融合，共同营造出一个更符合当下人群工作、生活、消费、交流等多方面需求的可持续性的、可成长的新型城市功能单元。在这里，人们能够感受到强烈的归属感、舒适感以及未来科技感的交融。

6.1 识局：面向未来的健康住区

识局，就是识势，识别建筑产品的未来发展方向。作为未来人居健康生活的唯一解决方式，健康住区是一个综合性的生态系统，不仅关注物理环境的健康性，还关注居住者福祉的全面增进，通过跨学科、跨领域的合作和技术集成，创造出真正有益于人们健康和幸福的居住空间。面向未来的健康住区将是一个高度集成化、智能化、个性化、自成体系的可持续性居住环境。

6.1.1 从以开发为主到以服务为导向的健康住区

房地产企业的赢利模式从可持续发展和系统工程的角度看，必将经历从以一次性销售为主的商业模式向通过提供持续的运营和服务实现长期收益的商业模式的转变。未来的健康住区要坚持以服务为导向，做到全流程服务，坚持长期主义，实现房地产运营的可持续性。以下是实现以服务为导向的健康住区的几个关键点。

1. 从固定型思维向成长型思维转变

未来的建筑项目的建设要从固定型思维向成长型思维进行转变，这种成长型思维涉及住宅设计理念和运营方式的积极变化。例如传统房地产项目对宽厅、大面积落地窗、铝板和石材等显性更新的追求远远大于对住宅内部健康空间品质的把控、健康建材的使用、住区内配套设施的运营与完善以及现阶段人民痛点（老龄化）问题的解决等隐性更新的追求，但这些隐性更新恰恰是健康住区可持续性、可成长性的基础。随着时间的流逝，传统住宅项目内部空间愈发拥挤，空间功能不够完善，建筑外立面越来越破，社区配套损坏，社区景观破败，这些不仅导致住宅价值下降还导致居民居住存在健康相关问题。我们认为健康住区应该具备可持续性、可成长性，而不是一成不变的，在前期方案设计环节就应为健康住区留出可进化的空间。在户型设计上，通过设计灵活可变的X生活空间，以适应不同家庭成员和生活阶段的需求。在外檐设计中，考虑住宅的长期可维护性，使用耐用材料和易于维护的设计，确保健康性能的持久性。在住区运营中，要考虑住区与住户、住区与街区之间的关系，通过好服务、好配套保证住区具备可持续性、可成长性。并且根据住区内部居民的需求痛点积极调整配套功能以及服务范围，打造自成体系的健康住区居住环境。当然，健康住区的可成长性对物业的管理、对资产的管理都提出了更高的要求，要求以上管理具备高瞻远瞩的战略性眼光和总揽全局的战略性执行力，要对住宅资产进行持续的优化和升级，提高住宅资产的价值和吸引力。

2. 从被动健康向主动健康转变

从被动健康向主动健康转变的健康住区，反映了一种更加积极的生活态度和健康理念，强调通过住宅设计和服务来鼓励和引导居民，通过居住环境来反向影响居民，促使其主动采取健康的生活方式。首先，健康住区的住宅设计和住区运营都要以促进居住者的健康为目标，住区内需要具备良好的通风、自然采光、安静的环境、健康的建筑材料等。其次，要创造一个鼓励户外活动的全龄化住区环境，如儿童的活动乐园、青年的健身场所、中年人的健步道、老年人的门球场等。被动健康通过健康环境的营造潜移默化地保证人体所需；主动健康则通过住区设计促进居民主动去追求一个健康的状态，并且通过健康住区的影响形成健康意识及生活方式。因此，主动健康除了提供促进健康的场所外还将健康咨询、体检服务、健康管理计划等健康服务融入住区配套，引导居民主动管理自己的健康。如建立信息共享平台，方便居民获取健康相关的信息和资源；制订健康教育、运动课程等健康计划，鼓励居住者从被动享受健康设计转为主动进行身体锻炼，进而提高健康力、生命力，保持健康状态。

3. 从产品打造向运营服务转变

当今社会背景下，人民越来越关注居住品质和服务品质，房地产企业顺势而为，应该做好从投资开发商向居住服务商的转变。居住的相关运营服务正在被重构，居住消费从生产型导向转向消费型导向。第一，服务理念的转变与深化。坚持以用户为中心，关注居民的生活习惯、健康需求和情感需求；提供从购房前咨询、购房过程服务到入住后的生活服务的全生命周期的服务；根据不同居民群体的特点和需求，提供个性化和定制化的服务。第二，服务内容的扩展与创新。对当今社会人民所遇到的痛点问题进行分析，建立包括医疗保健、居家养老、社区养老、幼儿托幼、运动健身、心理健康等在内的综合服务体系，提供智能家居、智能安防、智能健康监测等智能化服务，打造文化活动、便民服务、商业服务等在内的丰富社区生活服务。第三，服务模式的突破与优化。整合各类服务资源，构建服务平台，提供一站式服务和平台化运营；建立服务反馈和改进机制，不断优化服务内容和提高服务质量。此外，还可以通过提供共享空间、建立社区支持网络、形成邻里公约、鼓励社区自治等形式增强社区互联性，利用公告板、社交媒体和会议等建立有效的沟通渠道，强化社区内的信息共享和社交互动。

4. 从地产开发商向住区综合服务商转变

健康住区作为住区综合服务的最终形态包含了商业、教育、服务、治理、创业、交互等众多元素，这些元素的和谐共生和长期发展注定需要匠心运营。打造健康住区，房地产企业需要进行战略调整和业务拓展。首先，坚持服务拓展和多元化。健康住区应将住区配套运营作为核心竞争力，围绕“居住”这个主题，向商业、文化、适老、健身、物业管理等服务多元化延伸。房地产开发商应向提供物业服务、产业服务、商业服务、社区服务等的城市综合运营商转型，将地产行业打造成第三产业服务社会的一个新形态。其次，坚持技术与创新驱动。以科技赋能房地产，向工业化、信息化、数字化、智能化的地产科技转变。通过科技化建造、智能化管理、数据化运营，实现从家庭到楼栋再到住区的万物互联，让每一个房间、每一户住户都成为组成智慧住区运营体系的最小单位。同时，创新管理模式，更新设计理念。让先进的设计理念融入项目，让健康、绿色、节能、环保的设计方案得到有效实施，通过体制创新和机制创新实现房地产转型。最后，坚持跨界合作与资源整合。坚持“内生型开发”与“外源开发”的统一，坚持“单一项目的市场定位”与“城市区域功能的选择定位”相统一，坚持“居住空间的提供者”与“城市公共生活空间的提供者”相统一，注重与优秀资源的相互整合，注重项目的可持续发展，注重住宅内部空间和周边配套街区的同步打造，形成新时代下房地产企业的特色核心竞争力。

6.1.2 从传统人工管理到智能化管理的健康住区

智能科技的发展为健康住区的建设提供了技术支持。未来的健康住区要坚持智能化管理，构建数字化管控平台，让建筑借助智能科技做出有益判断，从而提高居住环境的舒适度和便利性，提升居住者的健康水平，给予其安全保障。以下是实现健康住区智能化管理的几个关键点。

1. 智能传感提高环境舒适度

智能化管理的健康住区应该做到环境实时监测，从而提高居住舒适度。首先，室内空气质量管理。通过安装空气质量传感器等，实现室内空气质量的实时监测，包括对PM2.5、TVOC、CO_2 等的监测，并根据监测结果自动启动空气净化器或新风系统，保持室内空气清新。其次，温湿度控制。打造室内热舒适环境，通过温湿度传感器，自动调节室内温度和湿度，使其保持在最适宜人生活的范围内。再次，利用智能通风系统，根据室内外空气质量自动调节通风量，减少污染物的室内积累。最后，对住宅用水进行监测，确保饮用水的安全。阳台上也可以安装智能灌溉系统，根据植物需求和天气自动调节浇水量。

2. 智能监测优化能源利用率

智能化管理的健康住区应该满足低碳和可持续发展要求，提高能源利用率。采用智能能源管理系统，监控和减少家庭的能源消耗，包括电力、水和燃气等。如，使用智能插座和智能电表来监控家庭能源使用，减少电力消耗。再如，通过智能照明系统根据室内外光线自动调节亮度，节能的同时也保护视力。又如，能源管理系统可以根据前一天的电力定价以及可用的可再生能源和储能情况，使用遗传算法等多目标优化方法，安排和调度电器的使用，以降低能源成本和峰均比，优化可再生能源的使用。

3. 智能分析保障健康与安全

智能化管理的健康住区应该具备为居住者的健康与安全保驾护航的功能。首先，具备数据驱动的健康监测功能。利用可穿戴设备或家庭健康监测设备来跟踪家庭成员的健康状况，如心率、血压、睡眠质量等，并根据数据分析提供健康建议。其次，具备数据集成与分析功能。通过一个中央控制系统或智能家庭中心，集成所有智能设备的数据，进行统一管理和控制，进而分析并优化住宅的运行。最后，建立智能安防系统，包括智能门锁、监控摄像头、烟雾报警器和一氧化碳探测器等，以预防安全事故的发生，并在必要时及时响应。部署紧急响应系统，在紧急情况下，如发生火灾、需要医疗救助等情况，可以自动报警并通知相关人员。

4. 智能家居提高生活便利性

集成先进的智能家居技术，智能化管理的健康住区应该做到提升居住者的生活便利性。首先，智能家居设备与控制。集成各种智能家电，如智能冰箱、洗衣机、烤箱等，并实现通过手机或语音助手进行远程控制和管理。其次，智能垃圾管理。使用智能垃圾桶，自动分类垃圾，并提醒用户何时需要清空。再次，提供一个直观易用的用户交互界面，可以是手机应用、语音助手或墙上的触摸屏，方便用户控制和查看住宅的各个方面的信息。最后，提供个性化设置。居住者可以根据个人习惯和偏好，对智能系统进行个性化设置，如自动调节起床时间、照明模式等。不能遗漏的是，要确保所有智能系统都符合数据保护法规，保护用户的隐私安全。

以上四个内容相互支持，共同构成健康住区的智能化管理系统的技术基础。随着技术进步和对成本、用户习惯和隐私保护等多因素的综合考虑，这些系统将变得更加智能和互联，智能化管理也将更加精细和个性化，从而逐步构建一个高效、舒适、安全的居住环境。未来的健康住区集成先进的智能家居技术，实现能源管理、安全监控、环境调节等功能，不仅可以提高居住的便捷性和舒适度，还能保证环境的健康、安全和可持续。

6.1.3 从提供单一性服务到追求一站式综合性社区服务的健康住区

健康住区的发展趋势是与医疗、教育、商业等社区服务实现互联互通，推动各领域与住宅的融合，实现资源共享和功能互补，满足居民的多元化需求，提供一站式综合性社区服务，提升居住品质。以下是打造作为一站式社区服务综合体的健康住区的几个关键点。

1. 塑造“便民生活圈”

未来的健康社区通过与医疗、教育、零售、文化等不同领域的服务商建立合作关系，以满足居民日常生活基本消费需求和品质消费需求等为目标，提供综合性的社区服务。首先，鼓励商业与物业、消费与生活、居家与社区等场景融合，实现业态多元化、集聚化、智慧化发展。第一，优先配齐基本保障类业态，支持与居民日常生活密切相关的便利店、综合超市、菜市场、生鲜超市（菜店）、早餐店、美容美发店、洗染店、药店、照相文印店、家政服务点、维修点、再生资源回收点、邮政快递综合服务点、前置仓等进社区，在安全、合法的前提下采取“一点多用”、服务叠加等方式发展微利业态，保障基本生活需求的满足。第二，教育方面。健康住区可以考虑为住区的青少年提供就近入学的便利。可以通过与知名学区、学校、政府合作，提供高质量的教学资源和师资力量。在此基础上，住区内可设置运营四点半学堂等托管配套，免除双职工家庭因工作原因无法及时接送孩子的后顾之忧。第三，保证公共交通接入。确保住区与城市公共交通系统（如地铁、公交、轻轨或火车）有良好的连接，方便居民快速、便捷到达城市各个区域。第四，医疗方面。与周边的医疗机构建立合作关系，为居民提供更丰富的医疗资源和更广泛的转诊服务，同时与医疗康养机构签订定向合作，针对老年人提供上门医疗、康复、助浴等服务，避免一些简单医疗措施还需去医院的情况，在为住区居民提供便利的同时缓解医院医疗压力。健康住区应具备紧急医疗服务能力，如设置急救站点或快速通道，确保在紧急情况下能迅速响应。

2. 盘活闲置"老家底"

目前，社区内有一些场所（如居委会、业委会、物业管理用房等）的使用效果不好、使用频率不高，实际的运营效果尚未达到预期。这些低效和闲置资源，需要通过合理的规划转化为社区服务和健康生活的一部分，这在盘活无效低效资产的同时为住区的邻里氛围营造提供助力。第一，把土地资源"用起来"。将闲置土地转变为社区花园，为居民提供种植蔬菜、花卉的空间，增加绿化的同时促进居民间的交流。将闲置建筑改造为多功能的公共空间，如图书馆、健身房、艺术工作室、社区活动中心等。第二，让低效资产"热起来"。推进低效运转资产集中管理、统筹使用，闲置土地、房产等要采取置换、出租、拍卖等方式盘活利用；维修改造项目中拆除下来的设施设备、装饰材料等要再利用。第三，持续性监测与评估资源盘活利用的效果，根据评估结果调整和优化资源利用策略，建立资源集约型社区，确保资源得到有效利用并满足社区需求。

3. 摸准居民"边角"需求

摸准居民的"边角"需求，即识别并满足居民日常生活中可能被忽视的细微需求，是提升健康住区社区服务水平和居民满意度的重要途径。首先，通过问卷调查、访谈、焦点小组讨论等方式，深入了解居民的生活习惯、偏好和需求，如小孩下午四点放学后的社区辅导。更进一步地，可以邀请教育机构的授课老师来社区内开展教学、提供指导等，建立家校社区、制定家长参与计划以鼓励家长参与。第二，识别居民行为模式和趋势，预测未来的需求变化。利用大数据和分析工具，从居民的消费记录、在线行为、社交媒体反馈中挖掘潜在需求。如距离地铁站远的小区可以根据居民的行为模式考虑设置共享汽车网点和电动车的充电桩。再如，社区可以根据居民的消费记录考虑为住户提供油烟机上门清洗服务、为住户尤其是高层住户提供外窗上门清洗服务。第三，创新服务内容和形式，提供定制化的社区服务、增加特色活动等。如为年轻人开设的瑜伽和健身房可以延长夜间开放时间，方便年轻人下班后锻炼；住区内的理疗馆、按摩室延长营业时间，满足住区内部的理疗需求。再如，社区泳池可以考虑与周边院校进行合作，工作日作为其游泳课的活动场地保证泳池的可持续运营；社区内还可设置私宴场地，为居民接待亲朋提供场地，为业主聚会提供场所。第四，定期评估服务效果和居民满意度，建立持续改进机制，不断对软硬件配套服务进行再思考，不断适应居民新需求。

6.2 布局:多元主体协同推进健康住区发展

"人是万物的尺度",在与建筑设计相关的文件《城市居住区规划设计标准》《住宅设计规范》《关于加强和完善城乡社区治理的意见》等中无处不在体现以人为本。在过去二十余年的探索历程中,房地产企业深入研究了人的自然生命周期、家庭生命周期以及人的需求层次理论,发展出了相对成熟的住宅设计、产品设计与精装设计配套体系。随着行业的转型发展、人居需求的升级,曾经高端豪宅专属的高品质社区营造走入"寻常百姓家"。社区规划告别过去经济效益最大化的极端方式,转向尊重场地特征、全方位提升配套服务、追求人与社区平衡可持续发展、注重在地文化特点并尊重生活的习惯及居住行为、尊重小区自然生态系统的自我调节能力的社区打造。市场开始跳脱于空间、景观、建材、装修等单一模块,将重点放在了对社区生活场景的研究与实践上,而社区生活场景的营造与住宅产品的升级迭代一道构成眼下房地产行业的发展浪潮。

新时代背景下,人口增长放缓,农村人口转出速度放缓,城市发展也从曾经的规模膨胀转向城市收缩。与此同时,在巨大的城市、行业发展惯性驱使下,房地产库存高企,新城新区面临烂尾风险。全新的城市发展格局下,强化未来居住形态的引领能力成为房地产企业与城市的共同使命。绿色生态、智能宜居、配套丰富、服务完善的健康幸福住区孕育着广泛的市场前景,对它的营造也是房地产企业转型发展的必由之路。

住区即居住区,根据科普中国的概念定义,住区是指具有一定的人口和用地规模,并集中布置居住建筑、公共建筑、绿地、道路以及其他各种工程设施,被城市街道或自然界限所包围的相对独立地区。住区并不仅仅是由住宅构成的,它与住宅有着本质的区别。住宅只是住区的一部分,而住区则是一个更为综合、丰富的概念。住区包含着众多的元素,如居住建筑、公共设施、绿化景观等,共同营造出一个完整的生活环境;家则更多地蕴含着一种精神层面的意义,它不仅仅是一个居住的场所,更是人们情感的寄托和归属。住区与家之间有着紧密的联系,住区为家提供了物质基础和外部环境,而家则是住区的核心和灵魂所在。

健康的住区不仅要满足居民居住、生活的基本需求,更要对居民的生活方式起到积极、健康的引导作用。如图 6.1 所示,健康住区应该基于居民的马斯洛需求理论,全面考虑并满足住区居民全生命周期的居住需求与配套需求。它不仅要提供舒适的居住空间,还要有完善的配套设施和良好的社区氛围,让居民在其中感受到温暖、和谐与幸福,真正实现住区与家的完美融合。

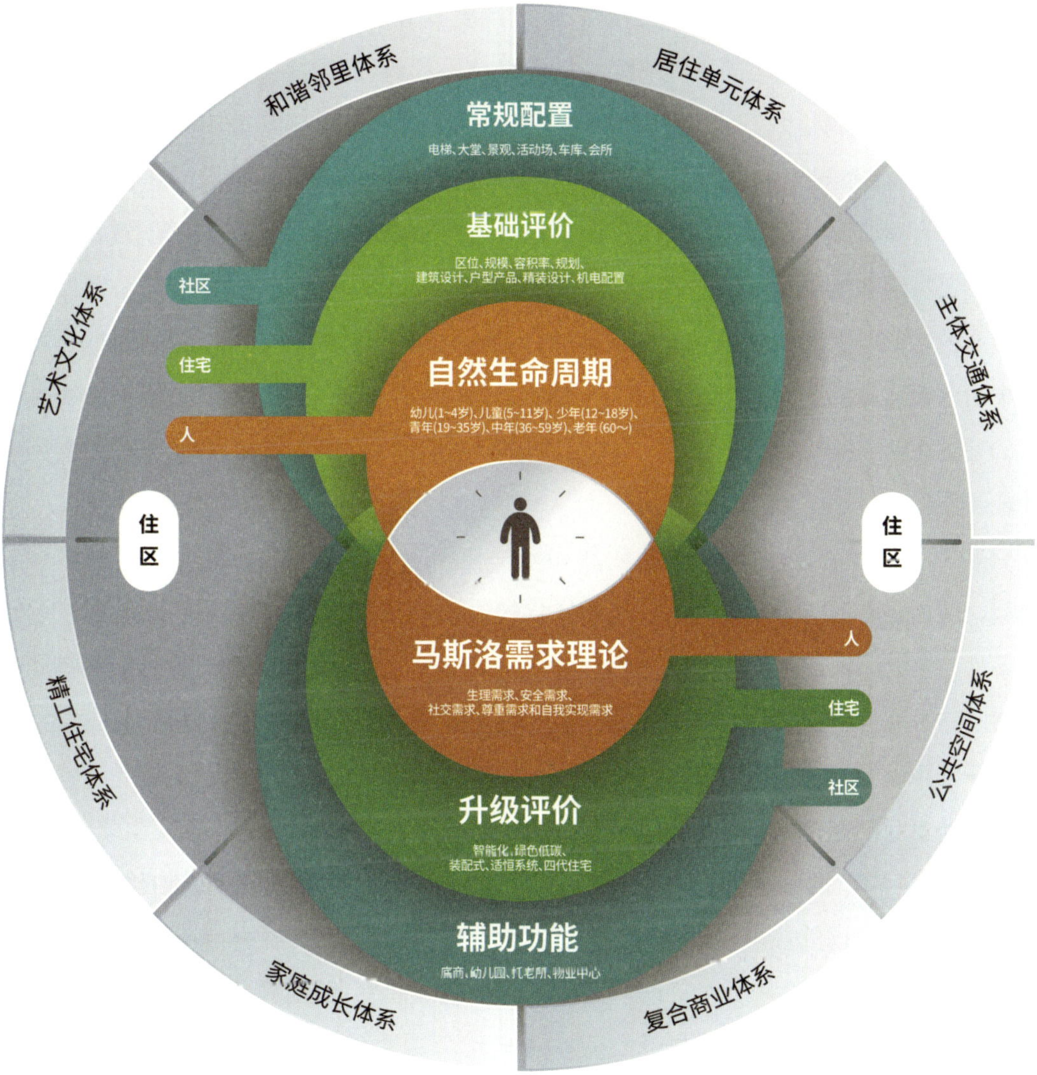

图 6.1 健康住区体系

6.2.1 强化顶层设计:高标准引领

健康住区的发展,离不开顶层设计的优化完善,也离不开政府与行业层面的高标准引领。只有构建高标准的顶层设计体系,才能够真正释放房地产企业与市场主体的参与活力。为创造有利的发展环境,推动健康住区的发展,需要从政策支持、行业标准、金融环境等方面做出持续努力。

1. 制定健康住区的引领性政策

中国政府提出的《"健康中国2030"规划纲要》，强调了健康住区在实现健康中国目标中的重要性。但是目前来看，政策支持体系尚不完善，行业标准依然缺失。政府及行业聚焦健康住区的整体发展尤为重要。

第一，在城市规划中需深植健康住区理念。在上位规划阶段，需综合考虑健康住区的布局和配套设施，将健康住区的规划纳入城市总体规划中，在城市空间规划阶段充分考虑产、城、人的融合发展。持续优化公共配套资源布局，确保未来住区具备健康可持续发展的空间与弹性。优化住宅区与公共交通系统（如地铁、公交）的连接，鼓励住宅区与集合了商业、办公、教育和医疗等设施的多功能社区的开发，在住宅区规划中包括必要的社区服务设施，如学校、医疗中心、文化和娱乐设施，促进健康住区与城市发展的融合。

第二，要放宽放活健康住区的创新和多样化。在适当范围内调整土地规划和建筑规范，允许在健康住区建设中进行更多样化的设计尝试。优化住宅建筑高度、密度的限制条件，在保证安全和基本功能的前提下，让设计师有更大的发挥空间去打造独特的居住空间布局和建筑外形，以适应不同人群的需求和审美。针对创新的健康住区项目，如采用新型环保材料或可再生能源技术的，可以在土地出让价格上给予优惠，或者提供快速审批通道，鼓励开发者积极尝试新的建设理念和技术。如适老化住宅、适儿化住宅、绿色生态住宅等，推动消费升级，提供不同价格层次的住宅，确保不同经济能力的居民都能找到适合自己的住房，提高住宅产品的市场竞争力，满足不同细分市场的需求。

第三，要制定相关激励性政策和支持。在土地出让中，匹配产品品质及健康住区打造要求，对健康住区营造项目给予一定的地价优惠或土地供应保障。同时在开发利用阶段，对于适宜的健康住区，可以进行容积率奖励、配套面积优化等激励性政策。同时可以匹配如税收优惠和补贴等，以鼓励健康住区的建设和发展。由于健康住区的投资开发成本较高，融资困难、融资渠道少，致使企业失去开发动力。政府是建筑市场的引导力量和推动力量，政府补贴和税收优惠等激励性政策有利于调动企业的开发热情，从而带动健康住区市场的开拓。

2. 完善健康住区的配套规范

我国现行住宅建筑规范已经较为陈旧，同时国家级建筑规范是建筑规划的底线与一般标准，无法完整准确反映细分领域的发展需求。中国工程建设标准化协会已经批准并发布了新版本的《健康住宅评价标准》（T/CECS 462—2024），为健康住区的评价提供了有益参考。但是仍需匹配行业发展态势，进一步拓展健康住区的概念边界。

第一，细化和深化评价标准。随着一些公共卫生事件等的出现，健康住区的标准也需要不断细化和深化，以适应新的需求。例如，可以加强针对一些传染性疾病的防护措施，如入口消毒、空间通风设计、室内消毒设计等。第二，跨学科融合。健康住区标准的完善需要跨学科的融合，结合医学、心理学、营养学、人文与社会科学、体育学、建筑学等多个领域的知识，形成综合性的评估体系。第三，本土化和国际化结合。在引入国际健康住区标准如 WELL 健康建筑标准时，需要考虑本地化与适应性，结合中国的国情和居住习惯进行调整和优化。第四，强化实施和监管。标准的完善不仅在于内容的制定，更在于实施和监管。需要建立严格的监管机制，确保健康住区标准得到有效执行。第五，持续地科研和实践。通过持续地科研和实践，积累经验，与科研机构、高校、行业协会等建立合作关系，对健康住区的评价标准进行持续的修订和更新。这些措施可以进一步完善健康住区的标准规范，为中国住宅建设的高质量发展提供坚实的基础和明确的发展方向。第六，拓展健康住区内涵外延。未来，健康住区必然会从住宅单体、项目社区概念逐步拓展为居住单元、居住片区。基于未来居住单元视角的评价标准与指导性措施需要进行前瞻性探索与理论建设，为健康住区的打造提供切实可行的理论支持与发展路径。例如针对单体社区与整体居住单元的协同发展，住区与城市公共配套之间的共生关系，健康住区与城市生态资源的可持续发展等，均存在大量亟须探索的领域。

3. 鼓励金融业为健康住区服务

健康金融内涵的明确和创新路径的提出，预示着健康住区的金融环境正在得到积极的构建和优化。为了进一步鼓励金融业为健康住区服务，促进健康住区良好快速发展，金融业专项支持尤为重要。第一，综合考虑企业的长期效益与短期效益，为房地产企业提供专项借款支持。支持国家开发银行、中国农业发展银行依法合规地向借款主体提供金融支持。针对健康住区建设的上下游产业链开发专项贷款产品。例如，提供长期、低息的贷款，支持健康住区的基础设施建设、环保设施建设、医疗保健设施建设等。第二，金融业为健康住区项目提供包括低息贷款、政策性贷款、信贷优先等融资支持。通过提供低于市场利率的贷款，降低健康住区项目的融资成本，使得开发商更愿意投资于健康住区的建设。利用政策性银行的贷款支持，为健康住区项目提供低成本资金来源。在信贷资源配置中，对健康住区项目给予优先考虑，确保这些项目能够及时获得必要的资金支持。鼓励金融机构发展绿色金融产品，为符合环保和健康标准的住宅项目提供资金支持。第三，推动金融机构与健康住区跨界资源的联动支持。强化金融机构对医疗健康服务机构、健康管理机构等健康住区产业主体的协同，金融机构可以为医疗健康服务机构和健康管理机构提供融资支持，帮助其扩大服务范围和提升服务质量；同时，针对健康管理机构打破行业壁垒、探索新兴业务模式，构建容错机制，提供保险服务。开发居民健康保险、健康理财等新兴金融产品，满足居民的健康需求。第四，积极推进"健康住区生态圈战略"深化落地，开发与健康住区相关的金融创新产品，如绿色债券、可持续发展债券等，吸引更多投资者支持健康住区项目。通过以上措施，可以实现资金供给侧结构性改革，打通要素流动和再配置的通道，促进金融性资金稳定、持续地进入健康住区，为健康住区的发展营造一个积极、稳健的金融环境，推动健康住区的可持续发展。

6.2.2 破除行业壁垒：资源端协同

健康住区的实践探索，势必会超越常规地产开发的地块红线束缚，进一步拓展与周边社区、周边市政配套、基础设施支持系统等的多维度融合发展。因此破除行业壁垒，实现供应链整合，达成资源端的协同整合，成为健康住区营造的关键之举。

1. 综合规划住区基础设施建设与利用

现行社区建设一般具备完善的供水、供电、供气、供暖等设施，居民的基本生活需求可以满足。但是在七恒健康科技系统应用中发现，健康住区建设在地源热泵、空气能、分户式太阳能等新兴领域的探索依然存在较高行业壁垒与进入限制，客观上推高了健康住区的应用成本。现代城市已经建立起完善的医疗、教育、文化、体育等公共服务设施体系。但是在医疗设施与居民日常健康维护之间存在"最后一公里"的客观痛点。譬如诸多心脑血管疾病会造成人体机能持续性损伤，日常健康监测、病后康复需要持续性医疗技术指导。但是现行医疗体系资源紧张，管控制度严格，医疗体系外的专业服务机构发展不充分，造成健康支持系统缺失。特别是一些行动不便的中老年人群需要长期到医院进行康复治疗，一方面加重了他们自身的负担，另一方面加大了医疗资源的紧张程度。推动房地产与健康产业的融合发展，打造健康住宅和健康社区，房地产开发商可以与医疗、养老、体育等方面的健康产业机构合作，共同开发建设健康住区。幼儿园、中小学、图书馆、游泳馆、体育馆等设施在独立社区或学校建设均存在高昂运营成本与消费不足之间的矛盾，探索教育体系与住区共建配套设施也需要破除教育管理与住区开发之间的壁垒。

2. 前瞻性布局智能底座建设

科技进步日新月异，智能基础设施建设、智能服务应用和科技创新与合作，可以为居民提供更加便捷、高效、舒适的生活环境，也是健康住区可持续发展的基础。前瞻性部署高速光纤网络和高速无线网络，确保社区内的每一个角落都能享受到稳定、高速的网络连接。这将为各种智能设备的运行和数据传输提供坚实的基础。建立社区 Wi-Fi 热点，方便居民在公共区域随时接入网络，满足居民的移动办公、学习和娱乐需求。搭建智能物联网平台，将社区内的各种设备和设施连接起来，实现设备之间的互联互通和协同工作。例如，将智能照明系统、智能安防系统、智能能源管理系统等连接到物联网平台上，实现统一管理和控制。通过物联网平台，实时采集和分析设备运行数据，实现设备的远程监控和故障诊断，提高设备的运行效率和可靠性。建设智能能源系统，实现能源的高效利用和管理。安装智能电表、智能水表和智能气表，实时监测能源消耗情况，为居民提供能源使用分析和节能建议。建立住区建设上下游产业链信息共享平台，各环节主体可以在平台上发布需求信息、产品信息和服务信息，实现信息的快速流通和共享，这也可以促进产业链各环节之间的合作与协同。建设智能商业中心，引入无人超市、智能餐厅、智能快递柜等新型商业业态。居民可以通过手机 APP 下单购物、预订餐饮服务、查询快递信息等，享受便捷的商业服务。

3. 整合住区建设上下游产业链

未来健康住区的行业机遇不仅表现在健康住宅的硬件建设中，软性服务建设将会是更为广阔的蓝海。为住区居民提供一站式服务方案需要整合上下游产业链，不仅需要在硬件开发领域于装配式建筑、绿色节能环保、控制性设备方面形成具有优势的供应链体系，还需要在多元服务方面广泛拓展异业资源，形成立体化服务体系。例如，引进健康管理机构、康复护理机构、养生保健机构等，为居民提供健康体检、康复护理、养生保健等服务，发展健康服务业，为居民提供多元化的健康服务。例如，物业管理公司可以提供个性化的服务套餐，满足不同居民的需求；健康服务机构可以构建上门服务、远程医疗等新型服务模式，推动产业链各环节主体进行服务创新，为居民提供更加优质、便捷的服务。拓展家居供应链，提供个性化的一站式家居解决方案。健康食品供应商提供有机食品、绿色食品、保健食品等健康食品，满足居民对健康饮食的需求。引入餐饮服务企业，建设满足不同年龄层人群需求的社区食堂，提供健康、营养的餐饮服务，如素食餐厅、有机餐厅等。提供食品配送服务，方便居民购买健康食品。教育培训机构提供教育培训服务，如幼儿教育、中小学辅导、职业培训等，满足居民对教育的需求。组织开展旅游活动，如周边游、亲子游、老年游等，为居民提供休闲娱乐的选择。

4. 培育居民共治社区文化

现行社区治理结构中，受社会条件与管理治理体系制约，社区居民与物业管理组织、居委会等的联系不强，甚至存在对立状态，成为基层治理的一大难点，也大大削弱了社区居民的幸福感。同时社区治理机构对居住单元的影响力低下亦无法在住区建设中形成合力。推动居民共治，培育共治的社区文化成为建设健康住区的重要推手。探索制定居民公约，规范居民的行为和生活方式。公约内容可以包括文明养宠、垃圾分类、爱护公共设施、遵守社区秩序等。通过宣传和教育，让居民了解公约的内容和意义，自觉遵守公约，共同维护社区的良好环境，同时公约性力量也能推动居民素质的整体提升。可以从健康、环保、和谐、互助等方面入手，根据社区的特点和居民的需求，确定社区文化的主题和特色，打造具有独特魅力的社区文化。围绕社区文化主题，开展各种形式的文化活动，如文艺演出、体育比赛、科普讲座、志愿服务等，丰富居民的精神文化生活。充分利用社区文化设施，如社区图书馆、文化活动室、健身广场、儿童游乐设施等。培养社区文化志愿者，为社区文化活动的开展提供人力支持。激活老年人群发光发热，为社区做贡献。成立居民自治组织，在广泛征集民意的基础上组建居民委员会或业主委员会等自治组织，代表居民的利益和诉求，参与社区事务的管理和决策，通过定期活动等方式调动居民的参与意愿与参与积极性。同一住区的不同社区、居民委员会、业主委员会可以探索共建共融机制，在居住单元、城市片区开发等住区环境打造上形成合力。

6.2.3 优化供应结构:体系力提升

从供给端推动健康住区发展,就是坚持产品主义,从好设计、好建造、好配套、好服务、好邻里五个方面,打造全周期、全流程、全功能的精益健康住区产品。

1. 好设计:精雕细琢提升适配能力

健康住区的设计是一个系统性工程,需要从多个层面进行考虑。首先,从城市规划设计层面,需要考虑与城市交通网络的便捷连接、城市的必要公共服务的获取、对城市绿色生态的改善、住区的能源使用和废弃物处理等内容。其次,从项目规划设计层面,合理布局住宅、商业、社区服务等不同功能区域,优化车行和步行流线以提高住区的可达性,做好交通安全、消防安全、人身安全等规划以确保住区的安全。第三,从产品设计层面,一方面可以设计多样性的户型,保证空间的多功能性,以满足不同家庭的需求,另一方面,在设计中考虑健康因素,如室内空气质量、噪声控制、照明设计、无障碍设计、智能家居设计等。第四,从景观设计层面,可以考虑将景观设计与休闲、运动、社交等功能结合,提高景观空间的实用性;也可以考虑融入当地的文化特色,打造具有地域特色的景观环境。第五,智能化、适老化等专项原则的可拓展性。如预留空间和接口,允许随着时间的推移和技术的发展进行升级和改造,满足未来的更新和改造需求。

2. 好建造:以高品质恪守每建必优承诺

品质之魂,镌刻于一砖一瓦、一草一木。健康住区的建造品质是确保其长期性能和居住者健康的关键。可从五个维度为建造品质保驾护航。第一,严格的材料选择。选用质量好、环保、耐久性强的建筑材料,避免使用有害物质,减少能源消耗,还要确保材料能够抵御时间的考验。第二,精确的施工图纸。确保施工图纸准确无误,反映设计意图,并提供详细的施工指导。第三,专业的施工团队。选择经验丰富、技术熟练的施工团队,并进行适当的施工方法创新的培训,提高施工效率和质量。第四,质量管理体系。实施严格的质量管理体系,包括定期的质量检查和监督,确保每个施工过程和阶段都符合设计和规范要求。第五,环境和安全控制。确保施工现场符合健康和安全标准,遵守国家和地方的建筑规范、安全标准和健康住区标准。

3. 好配套:综合型社区服务缔造美好生活圈

完善的配套设施是筑造居住者美好生活的重要组成部分。好配套要以未来社区为蓝图,聚焦健康、教育、交通、商业、休闲、环保等各功能,与商业、教育、康养、运动等设施无缝衔接,让社区成为城市文化的灵动展现。展开来说,住区应靠近公共交通设施,如地铁站、公交站等,方便居民出行;住区附近应有优质的学校和教育机构,满足居民的教育需求;配备或邻近医疗设施,如医院、诊所、药店等,便于居民就医;靠近购物中心、超市和市场,方便居民日常购物;周围还要有公园、运动场、健身房、游泳池等休闲健身设施和图书馆、博物馆、剧院等文化设施以及商务中心、会议室等商务设施等。如果适用,还可以提供宠物活动区和相关服务,如宠物美容、寄养等。通过这些配套设施的提供,健康住区不仅能满足居民的基本生活需求,还能塑造生活新境界,缔造都市繁华中的理想生活圈。

4. 好服务:7S 服务提升居民幸福感

好服务直击居住者的心灵需求。为了让家更有幸福感,将美好与社区时刻链接,让幸福持续生长,健康住区应该坚持“五心”的服务理念,即客户服务热心、保洁服务细心、绿化养护舒心、秩序维护安心、工程维修放心,并制定 7S 社区物业服务标准体系,具体包括:Space,空间——满足全龄化人群需求的社区;Smart,智能——智能化管理;Sense,兴趣——促进邻里间的交流和凝聚力;Safe,安全——提供 24 小时安保服务和紧急救援;Service,管家——提供专业的物业管家服务;Serve,服务——根据居民的个性化需求提供菜单式定制服务;Summarily,及时——快速响应和及时反馈居民咨询和投诉。7S 社区物业服务标准体系以 24 小时在线的用心呵护,365 个日夜的真情坚守,提供规范化、精细化、专业化、定制化的品质服务,不断打造更具活力、品质和温度的幸福家园,全方位提升居民幸福感。

5. 好邻里:情绪价值助力温暖邻里

好邻里有助于促进社区的和谐和可持续发展。为了构建一个有温度、有情感的社区环境,需要在社区内重建良好社会关系,重建人与人之间的社交网络和信任网络。第一,构建主题型社区。通过举办各种主题活动,让居民重返公共空间。主题活动也能更容易地帮助居民主动建立情感连接和纽带。第二,鼓励居民参与社区建设。鼓励居民参与社区的运营，在社区内开展自己想要举行的活动，并且将这些活动向公众公开。第三，促进社区与社会各种民间社团、俱乐部、非营利性组织、同好会等团体的对接。把住区、商业、居民与城市串联起来，形成多元素联合的健康住区。第四，为保障类似软性服务、暖性服务、柔性服务的可持续性，要有好的分工。以前瞻性的战略视野和敏锐的市场洞察力，对组织架构持续优化升级，实现各业务线的专业化创新发展。

6.2.4 激活品质需求：消费力释放

为了有效拉动健康住区的市场需求，促进居民对健康住区的消费，本小节采用“知信行模型”进行论述。“知信行模式”（Knowledge-Attitude-Practice Model，简称 KAP Model）是一种常用于健康教育和健康促进领域的理论模型，用于描述和解释人们从获取知识（Knowledge）、形成态度（Attitude）到改变行为（Practice）的过程。这个模式认为，教育和信息传播可以影响人们的知识水平，进而影响他们的态度和信念，最终导致行为的改变。在推广健康住区的背景下，“知信行模式”可以从以下几个方面发挥作用。

1. 提高居民对健康住区的接受度

我们可以通过以下多种方式实现公众对健康住区的认识水平和接受度的提高。首先，展示健康住区的实际效益。组织与健康住区相关的研讨、展览和体验等活动，邀请居民参观健康住区的样板项目，直观展示健康住区带来的生活品质的提升，让居民亲身体验健康住区的优势。如健康住区带来了更好的室内空气质量、更低的能耗。其次，进行参与式的规划设计。借助网站、社交媒体等，建立信息共享平台，鼓励居民参与健康住区的设计和建设过程，收集他们的意见和建议，让他们参与决策过程，提高他们的参与感，提高他们对最终设计成果的认同感和满意度。再次，积极推进智能建造等相关技术的研发和应用，通过技术迭代和发展降低健康住宅设计、施工、运维等全生命周期成本，进而提高居民的接受度。如利用物联网技术，实现家居自动化，降低居住成本；采用绿色屋顶、太阳能光伏板等绿色技术，降低长期运营成本；引入健康监测和远程医疗服务，减少医疗成本；等等。最后，政策引导和激励。政府可以通过为健康住区的开发商和居民提供优惠和支持等措施，降低居民选择健康住区的成本，激励健康住宅的建设和购买。这些措施，可以有效提高居民对健康住区的认识水平和接受度，促进健康住区的普及和发展。

2. 形成对健康住区的积极评价态度

形成对健康住区的积极评价态度，需要从多个角度出发，采取一系列措施。第一，开展市场调研。了解居民对健康住区的需求和期望，根据反馈调整设计和服务，以满足市场需求。第二，利用意见领袖和科研报告的影响力。利用建筑师、设计师、健康专家和知名人士的推荐，影响公众对健康住区的看法。发布科学研究和市场报告，展示健康住区对健康、环境和经济效益的积极影响。第三，收集和公布居民的正面反馈和评价，通过口碑传播增强健康住区的吸引力。分享居住在健康住区中的居民的正面评价和生活改善的案例，增强可信度。第四，提高透明度。提高健康住区建设的透明度，包括材料选择、施工过程和后期维护等。公开健康住区的建设标准、使用材料、设计特点等的相关信息，让消费者了解其价值和优势。第五，强调长期效益。强调健康住区的长期效益，如节能减排、健康促进和资产保值等。第六，展现社会责任。展示房地产企业在建设健康住区方面的社会责任和贡献，提升品牌形象。第七，开展健康住区认证。国家或国际认可的认证体系，如 WELL 或 LEED 认证、HiH 健康标识等，为健康住区提供权威认证。这些措施，可以逐步形成公众对健康住区的积极评价态度，推动健康住区的普及，提高其市场接受度。

3. 鼓励居民采取行动购买健康住区

消费者是健康住区推广的动力源，为鼓励居民购买健康住区、激发消费者的购买意愿，在以上两个步骤的基础上，可以采取如下措施。第一，政策激励。通过政策激励措施，如税收优惠、补贴、低息贷款等，降低居民购买健康住区的经济门槛，鼓励居民选择健康住区。对购买拥有星级认证的健康住区的职工家庭，在住房公积金个人住房贷款方面给予上浮贷款额度的支持。第二，与金融机构合作，提供针对健康住区的定制金融产品，如绿色按揭贷款。第三，结合健康住区的功能优势，确定合理的定价策略和营销重点。如为年轻人展示健身中心的便利性、为年轻家庭介绍适儿化设施等，增强居住吸引力。也可强调健康住区在节能减排、环境保护方面的优势，吸引对环境问题有意识的消费者。还可提供一定程度的个性化定制服务，满足居民对住宅空间和功能的特殊需求。第四，降低风险。提供购房保障，如质量保证、售后服务承诺，减少消费者购买健康住区的风险感知。提供优质的售后服务和持续的健康住区的维护指导，确保居民获得持续的健康居住体验。这些方法，可以有效地激发消费者的购买意愿，推动健康住区市场的发展。

从健康住宅到健康社区，行业内经历了理念到实践，单体部品开发到产业链整合、探索落地到推广应用的漫长探索历程。从健康社区到健康住区的演进，势必需要超越开发红线的限制，向居住单元的融合开发方向迈进。在提升硬件开发的基础能力之外，软性服务的整合、跨行业的破壁融合依然有很长的路要走，需要理论体系的持续探索，也需要政策与产业层面的引导与支持。党的二十大报告多次提及“人民”“民生”，这要求我们要始终把最广大人民群众的根本利益放在心上，坚定不移地增进民生福祉，把高质量发展同满足人民的美好生活需要紧密结合起来，不断提升人民群众生活品质，同时也为行业转型、企业发展、健康住区打造指明了奋斗方向。

参考文献

[1] 郭超,兰丽,熊涛. 从公共卫生与建筑领域的历史视角反观健康建筑环境设计[J]. 建筑科学,2024,40(2):19–29.

[2] 叶海,罗淼,徐婧. 健康建筑及其评价标准[J]. 建筑科学,2017,33(2):113–119.

[3] 王杰汇,郭娟利. 基于知识图谱分析的健康建筑发展研究综述与展望[J]. 中国建筑教育,2021(2):7–17.

[4] 李大伟. 基于 WELL 标准的健康建筑产品综合效益研究[D]. 广州:华南理工大学,2020.

[5] 杨娇,张群,成辉,等. 美国 WELL 建筑标准与中国健康建筑评价标准比较分析[J]. 建筑科学,2018,34(8):112–117,155.

[6] 邱晓晖.WELL 建筑标准在办公建筑中的适用性研究[D]. 杭州:浙江工业大学,2018.

[7] 程乃立.Super E™ 加拿大健康住宅[J]. 上海建材,2005(1):30–31.

[8] 王维毅. 基于 WELL 标准的住宅抗疫防控改造设计研究[D]. 南京:南京林业大学,2022.

[9] WU P, SONG Y Z, HU X, et al. A preliminary investigation of the transition from green building to green community: insights from LEED ND[J]. Sustainability, 2018, 10(6):1–14.

[10] ADEWUMI A S, OPOKU A, DANGANA Z. Sustainability assessment frameworks for delivering Environmental, Social, and Governance (ESG) targets: a case of Building Research Establishment Environmental Assessment Method (BREEAM) UK new construction[J]. Corporate social responsibility and environmental management, 2024,31(5):1.

[11] 黄俊鹏,朱安博. 中国健康建筑发展研究[J]. 城市开发,2022(2):38–41.

[12] 仲继寿. 健康居住与健康生活:兼论中国健康住宅 20 年[J]. 城乡建设, 2020(8):14–17.

[13] 王清勤，李国柱，孟冲，等. 健康建筑的发展背景、标准、评价及发展平台[J]. 建筑技术，2018，49（1）：5-8.

[14] 张磊，田俊平. 健康住宅解析[M]. 北京：中国建筑工业出版社，2023.

[15] 国家住宅与居住环境工程技术研究中心，中国建筑设计院有限公司. 健康住宅评价标准：T/CECS 462—2024[S]. 北京：中国计划出版社，2024.

[16] NAVARATNAM S，NGUYEN K，SELVARANJAN K，et al. Designing post COVID-19 buildings：approaches for achieving healthy buildings[J]. Buildings，2022，12（74）：74.

[17] ELRAYIES G M. Prophylactic architecture：formulating the concept of Pandemic-Resilient Homes[J]. Buildings，2022，12（7）：927.

[18] MAO P，QI J，TAN Y，et al. An examination of factors affecting healthy building：an empirical study in east China[J]. Journal of cleaner production，2017，162：1266-1274.

[19] FEZI B A. Health engaged architecture in the context of COVID-19[J]. Journal of green building，2020，15（2）：185-212.

[20] LIU H，XU X X，TAM V W Y，et al. What is the "DNA" of healthy buildings？ A critical review and future directions[J]. Renewable & sustainable energy reviews，2023，183：113460.

[21] 王虎峰. 健康中国：政策体系与发展进路[J]. 人民论坛，2024（5）：14-19.

[22] 宋晓刚，翟淑凡，王媛媛. "双碳"目标下建筑工程全生命周期低碳发展对策研究[J]. 建筑经济，2023，44（3）：11-17.

[23] 赵丽梅，邱晨辉，杨洁. 住建部部长谈房子[N]. 中国青年报，2024-03-10（7）.

[24] 周双虎，韩月祥. 健康住宅理念下的智能科技创新设计[J]. 城市住宅，2021，28（8）：193-194.

[25] 司冬阳.《健康与绿色建筑》：基于生态经济的绿色建筑可持续发展探索[J]. 建筑学报，2024（2）：125.

[26] 朱颖心. 如何营造健康舒适的建筑热环境：建筑环境与人体舒适及健康关系的探索[J]. 世界建筑，2021（3）：42-45，126.

[27] 徐俊丽，童蝶宏，郝慧羽. 建筑空间节律照明对健康影响研究综述与应用展望[J].

建筑科学，2023，39(8)：176–185.

[28] 许晓，马翔，卢术越，等. 绿色公共住房健康性能满意度调查研究：以深圳市3个典型项目为例[J]. 建筑科学，2022，38(12)：266–274.

[29] 郭娇妮，刘小虎，刘晗，等. 健康建筑研究现状与发展趋势分析[J]. 南方建筑，2022(2)：40–46.

[30] HOWDEN-CHAPMAN P，BENNETT J，EDWARDS R，et al. Review of the impact of housing quality on inequalities in health and well-being[J]. Annual review of public health，2023，44(1)：233–254.

[31] ALIDOUST S，HUANG W. A decade of research on housing and health：a systematic literature review[J]. Reviews on environmental health，2023，38(1)：45–64.

[32] ORTIZ M，ITARD L，BLUYSSEN P M. Indoor environmental quality related risk factors with energy-efficient retrofitting of housing：a literature review[J]. Energy and buildings，2020，221：110102.

[33] KINGSLEY J，GOODALL Z，CHANDRABOSE M，et al. Housing and gardening：developing a health equity-focused research agenda[J]. Landscape and urban planning，2024，245：105014.

[34] 和红，杜本峰，齐亚强，等. 多学科视角下中国健康发展前沿[M]. 北京：社会科学文献出版社，2021.

[35] 王维毅. 基于WELL标准的住宅抗疫防控改造设计研究[D]. 南京：南京林业大学，2022.

[36] 仲继寿，李新军，胡文硕，等. 基于居住者体验的《健康住宅评价标准》[J]. 住区，2016(6)：14–21.

[37] 胡文硕，李佩昂，钟迪明，等. 西北地区健康住宅实践研究——以宁夏中房云上阅海住宅项目为例[J]. 建设科技，2024(20)：42–45+62.

[38] 崔国游，淡雅莉. 被动式建筑在我国发展的经济技术适应性[J]. 工程管理学报，2017，31(4)：29–34.

[39] 汪利民，陆喆. 健康住宅的智能科技创新设计与应用[J]. 智能建筑，2020(4)：65–69.

[40] 张磊，周敏，黄文财，等. 主动健康背景下的家庭智慧健康服务发展设想[J]. 建筑技艺，2020(5): 17–19.

[41] 冯玉莲. 居室空间设计中的健康因素[D]. 大连: 大连工业大学，2008.

[42] 陈继东，李花，张振鹏. 依托“好房子”与新质生产力构建“五好健康幸福家”的探索与实践思路[J]. 建设科技，2024(19): 42–44+48.